山东省水利工程规范化建设工作指南

（检测分册）

姚学健　王冬梅　主　编

山东大学出版社
SHANDONG UNIVERSITY PRESS
·济南·

内容简介

本书在系统总结当前国家、水利部、山东省水利厅有关水利工程规范化建设工作方面规定和要求的基础上，结合实际情况与工作实践，系统阐述了检测单位在水利工程建设管理过程中的主要工作任务。内容包括总则、检测机构基本要求、质量管理、项目法人委托检测要求、施工单位委托检测要求、监理单位平行检测要求及附录等。本书既可供水利建设、管理及检测者使用，也可供高等院校水利工程类专业师生及相关人员学习参考。

图书在版编目(CIP)数据

山东省水利工程规范化建设工作指南. 检测分册/姚学健，王冬梅主编.—济南：山东大学出版社，2022.9

ISBN 978-7-5607-7637-8

Ⅰ.①山… Ⅱ.①姚… ②王… Ⅲ.① 水利工程—工程项目管理—规范化—山东—指南 Ⅳ.①TV512-62

中国版本图书馆 CIP 数据核字(2022)第 188366 号

责任编辑 祝清亮
文案编辑 谭婧婆
封面设计 王秋忆

山东省水利工程规范化建设工作指南. 检测分册
SHANDONG SHENG SHUILI GONGCHENG GUIFANHUA JIANSHE GONGZUO ZHINAN. JIANCE FENCE

出版发行 山东大学出版社
社 址 山东省济南市山大南路 20 号
邮政编码 250100
发行热线 (0531)88363008
经 销 新华书店
印 刷 山东和平商务有限公司
规 格 787 毫米×1092 毫米 1/16
7 印张 118 千字
版 次 2022 年 9 月第 1 版
印 次 2022 年 9 月第 1 次印刷
定 价 25.00 元

《山东省水利工程规范化建设工作指南》编委会

主　任　王祖利
副主任　张修忠　李森焱　张长江
编　委（按姓氏笔画排序）
王冬梅　代英富　乔吉仁　刘彭江
刘德领　杜珊珊　李　飞　李贵清
张振海　张海涛　邵明洲　姚学健
唐庆亮　曹先玉

《山东省水利工程规范化建设工作指南》（检测分册）编委会

主　编　姚学健　王冬梅
副主编　郭庆华　张　勇　赵明杰
编　者　赵　晋　温国梁　王　敬　吴正振
周沙沙　曹晓丽　陈建亮　付晓丽
孙小虎　魏玉升　吕　锴　刘　波
李　晨　陈希歌　冯伟剑　董树林
王　帅　马海刚　袁　强　丁　浩
蒋甫伟　姚丽颖　马珊珊　刘瀛禧

序

水是生存之本、文明之源，水利事业关乎国民经济和社会健康发展，关乎人民福祉，关乎民族永续发展。“治国必先治水”，中华民族的发展史也是一部治水兴水的发展史。

近年来，山东省加大现代水网建设，加强水利工程防汛抗旱体系建设，大力开发利用水资源，水利工程建设投资、规模、建设项目数量逐年提升。“百年大计，质量为本”，山东省坚持质量强省战略，始终坚持把质量与安全作为水利工程建设的生命线，加强质量与安全制度体系建设，严把工程建设质量与安全关，全省水利工程建设质量与安全建设水平逐年提升。

保证水利工程建设质量与安全既是水利工程建设的必然要求，也是各参建单位的法定职责。为指导山东省水利工程建设各参建单位的工作，提升水利工程规范化建设水平，山东省水利工程建设质量与安全中心牵头，组织多家单位共同编撰完成了《山东省水利工程规范化建设工作指南》。

该书共有6个分册，其中水发规划设计有限公司编撰完成了项目法人(代建)分册，山东省水利勘测设计院有限公司编撰完成了设计分册，山东大禹水务建设集团有限公司编撰完成了施工分册，山东省水利工程建设监理有限公司编撰完成了监理分册，山东省水利工程试验中心有限公司编撰完成了检测分册，山东省水利工程建设质量与安全中心编撰完成了质量与安全监督分册。

本书在策划和编写过程中得到了水利部有关部门及兄弟省市的专家和同

行的大力支持，提出了很多宝贵意见，在此，谨向有关领导和各水利专家同仁致以诚挚的感谢和崇高的敬意！

因编写任务繁重，成书时间仓促，加之编者水平有限，书中错误之处在所难免，诚请读者批评指正，以便今后进一步修改完善。

编　者

2022年7月

目　录

第1章 总 则

1.1 编制目的

为全面贯彻新发展理念，以标准化推进新阶段水利高质量发展，规范山东省水利工程质量检测机构在工程建设阶段的检测行为，提高检测水平，根据相关法律、法规、规章、规范性文件及技术标准要求，结合当前山东省水利工程建设质量检测现状要求，编写本指南。

1.2 适用范围

本指南适用于指导山东省水利工程建设实施过程中质量检测行为的管理和检测机构的质量控制管理。

1.3 编制依据

《水利工程质量检测管理规定》（水利部令第36号）。

《检验检测机构资质认定管理办法》（国家市场监督管理总局第163号令2021年修改版）。

《检验检测机构监督管理办法》（国家市场监督管理总局令第39号）。

《水利部关于印发水利工程建设质量与安全生产监督检查办法（试行）和水利工程合同监督检查办法（试行）》（水监督〔2019〕139号）。

《水利部办公厅关于印发水利建设工程质量监督工作清单的通知》（办监督〔2019〕211号）。

《水利建设项目稽查常见问题清单（2021年版）》（办监督〔2021〕195号）。

《山东省安全生产条例》（2021年12月3日山东省第十三届人民代表大会常务委员会第三十二次会议修订）。

《山东省生产经营单位安全生产主体责任规定》（2013年2月2日山东省人民政府令第260号公布　根据2016年6月7日山东省人民政府令第303号第一次修订　根据2018年1月24日山东省人民政府令第311号第二次修订）。

《检验检测机构资质认定能力评价　检验检测机构通用要求》（RB/T 214—2017）。

《水工金属结构防腐蚀规范》（SL 105—2007）。

《水利水电工程施工质量检验与评定规程》（SL 176—2007）。

《水利水电建设工程验收规程》（SL 223—2008）。

《堤防工程施工规范》（SL 260—2014）。

《泵站设备安装及验收规范》（SL 317—2015）。

《水利工程压力钢管制造安装及验收规范》（SL 432—2008）。

《铸铁闸门技术条件》（SL 545—2011）。

《水工金属结构制造安装质量检验通则》（SL 582—2012）。

《堤防工程安全评价导则》（SL/Z 679—2015）。

《灌溉与排水工程施工质量评定规程》（SL 703—2015）。

《水利工程质量检测技术规程》（SL 734—2016）。

《水利水电工程金属结构制作与安装安全技术规程》（SL/T 780—2020）。

《水利水电工程钢闸门制造、安装及验收规范》（GB/T 14173—2008）。

《粉煤灰混凝土应用技术规范》（GB/T 50146—2014）。

《橡胶坝工程技术规范》（GB/T 50979—2014）。

《水利泵站施工及验收规范》（GB/T 51033—2014）。

第2章　检测机构基本要求

2.1　机构要求

(1)水利工程质量检测机构应依法成立,并能够承担相应法律责任,非独立法人资格的检测机构应经所在法人单位授权。向社会出具具有证明作用数据和结果的检测机构,应当依法经国家认证认可的监督管理部门或者各省、自治区、直辖市人民政府等的市场监督管理部门进行资质认定。

(2)根据《水利工程质量检测管理规定》(水利部令第 36 号)2019 年修订内容规定,检测单位应当取得行业资质,并在资质等级许可的范围内承担质量检测业务。

(3)水利工程质量检测单位资质分为岩土工程、混凝土工程、金属结构、机械电气和量测 5 个类别,每个类别分为甲级、乙级 2 个等级。

(4)取得甲级资质的检测单位可以承担各等级水利工程的质量检测业务,大型水利工程(含一级堤防)主要建筑物以及水利工程质量与安全事故鉴定的质量检测业务,必须由具有甲级资质的检测单位承担。

(5)取得乙级资质的检测单位可以承担除大型水利工程(含一级堤防)主要建筑物以外的其他各等级水利工程的质量检测业务。

2.2　检测能力要求

所有检测专业类别的人员配备、业绩、管理体系、质量保证体系和检测项目及参数要求如表 2.1、表 2.2 所示,具体应根据行业主管部门的要求适时调整。

表 2.1 人员配备、业绩、管理体系和质量保证体系要求表

		甲级	乙级
人员配备	技术负责人	具有10年以上从事水利水电工程建设相关工作经历,并具有水利水电专业高级以上技术职称	具有8年以上从事水利水电工程建设相关工作经历,并具有水利水电专业高级以上技术职称
	检测人员	具有水利工程质量检测员职业资格或者具备水利水电工程及相关专业中级以上技术职称人员不少于15人	具有水利工程质量检测员职业资格或者具备水利水电工程及相关专业中级以上技术职称人员不少于10人
业绩	延续	近3年内至少承担过3个大型水利水电工程(含一级堤防)或6个中型水利水电工程(含二级堤防)的主要检测任务	—
	新申请	近3年内至少承担过6个中型水利水电工程(含二级堤防)的主要检测任务	
管理体系和质量保证体系		有健全的技术管理和质量保证体系,有计量认证资质证书	

表 2.2 检测项目及参数要求表

		主要检测项目及参数
岩土工程类	甲级	(1)土工指标检测15项:含水率、比重、密度、颗粒级配、相对密度、最大干密度、最优含水率、三轴压缩强度、直剪强度、渗透系数、渗透临界坡降、压缩系数、有机质含量、液限、塑限 (2)岩石(体)指标检测8项:块体密度、含水率、单轴抗压强度、抗剪强度、弹性模量、岩块声波速度、岩体声波速度、变形模量 (3)基础处理工程检测12项:原位密度、标准贯入击数、地基承载力、单桩承载力、桩身完整性、防渗墙墙身完整性、锚索锚固力、锚杆拉拔力、锚杆杆体入孔长度、锚杆注浆饱满度、透水率(压水)、渗透系数(注水) (4)土工合成材料检测11项:单位面积质量、厚度、拉伸强度、撕裂强力、圆柱顶破强力、落锥穿透孔径、伸长率、等效孔径、垂直渗透系数、耐静水压力、老化特性

续表

		主要检测项目及参数
岩土工程类	乙级	(1)土工指标检测 12 项:含水率、比重、密度、颗粒级配、相对密度、最大干密度、最优含水率、渗透系数、渗透临界坡降、直剪强度、液限、塑限 (2)岩石(体)指标检测 5 项:块体密度、含水率、单轴抗压强度、弹性模量、变形模量 (3)基础处理工程检测 4 项:原位密度、标准贯入击数、地基承载力、单桩承载力 (4)土工合成材料检测 6 项:单位面积质量、厚度、拉伸强度、撕裂强力、圆柱顶破强力、伸长率
混凝土工程类	甲级	(1)水泥检测 10 项:细度、标准稠度用水量、凝结时间、安定性、胶砂强度、胶砂流动度、比表面积、烧失量、碱含量、三氧化硫含量 (2)粉煤灰检测 7 项:强度活性指数、需水量比、细度、安定性、烧失量、三氧化硫含量、含水量 (3)混凝土骨料检测 14 项:细度模数、(砂、石)饱和面干吸水率、含泥量、堆积密度、表观密度、针片状颗粒含量、软弱颗粒含量、坚固性、压碎指标、碱活性、硫酸盐及硫化物含量、有机质含量、云母含量、超逊径颗粒含量 (4)混凝土和混凝土结构检测 18 项:拌和物坍落度、拌和物泌水率、拌和物均匀性、拌和物含气量、拌和物表观密度、拌和物凝结时间、拌和物水胶比、抗压强度、轴向抗拉强度、抗折强度、弹性模量、抗渗等级、抗冻等级、钢筋间距、混凝土保护层厚度、碳化深度、回弹强度、内部缺陷 (5)钢筋检测 5 项:抗拉强度、屈服强度、断后伸长率、接头抗拉强度、反复弯曲 (6)砂浆检测 5 项:稠度、泌水率、表观密度、抗压强度、抗渗 (7)外加剂检测 12 项:减水率、固体含量(含固量)、含水率、含气量、pH、细度、氯离子含量、总碱量、收缩率比、泌水率比、抗压强度比、凝结时间差 (8)沥青检测 4 项:密度、针入度、延度、软化点 (9)止水带材料检测 4 项:拉伸强度、拉断伸长率、撕裂强度、压缩永久变形

续表

<table>
<tr><td colspan="2"></td><td>主要检测项目及参数</td></tr>
<tr><td>混凝土工程类</td><td>乙级</td><td>(1)水泥检测 6 项:细度、标准稠度用水量、凝结时间、安定性、胶砂流动度、胶砂强度
(2)混凝土骨料检测 9 项:细度模数、(砂、石)饱和面干吸水率、含泥量、堆积密度、表观密度、针片状颗粒含量、坚固性、压碎指标、软弱颗粒含量
(3)混凝土和混凝土结构检测 9 项:拌和物坍落度、拌和物泌水率、拌和物均匀性、拌和物含气量、拌和物表观密度、拌和物凝结时间、拌和物水胶比、抗压强度、抗折强度
(4)钢筋检测 5 项:抗拉强度、屈服强度、断后伸长率、接头抗拉强度、反复弯曲
(5)砂浆检测 4 项:稠度、泌水率、表观密度、抗压强度
(6)外加剂检测 7 项:减水率、固体含量(含固量)、含气量、pH、细度、抗压强度比、凝结时间差</td></tr>
<tr><td rowspan="2">金属结构类</td><td>甲级</td><td>(1)铸锻、焊接、材料质量与防腐涂层质量检测 16 项:铸锻件表面缺陷、钢板表面缺陷、铸锻件内部缺陷、钢板内部缺陷、焊缝表面缺陷、焊缝内部缺陷、抗拉强度、伸长率、硬度、弯曲、表面清洁度、涂料涂层厚度、涂料涂层附着力、金属涂层厚度、金属涂层结合强度、腐蚀深度与面积
(2)制造安装与在役质量检测 8 项:几何尺寸、表面缺陷、温度、变形量、振动频率、振幅、橡胶硬度、水压试验
(3)启闭机与清污机检测 14 项:电压、电流、电阻、启门力、闭门力、钢丝绳缺陷、硬度、上拱度、上翘度、挠度、行程、压力、表面粗糙度、负荷试验</td></tr>
<tr><td>乙级</td><td>(1)铸锻、焊接、材料质量与防腐涂层质量检测 7 项:铸锻件表面缺陷、钢板表面缺陷、焊缝表面缺陷、焊缝内部缺陷、表面清洁度、涂料涂层厚度、涂料涂层附着力
(2)制造安装与在役质量检测 4 项:几何尺寸、表面缺陷、温度、水压试验
(3)启闭机与清污机检测 7 项:钢丝绳缺陷、硬度、主梁上拱度、上翘度、挠度、行程、压力</td></tr>
</table>

续表

		主要检测项目及参数
机械电气类	甲级	(1)水力机械检测21项:流量、流速、水头(扬程)、水位、压力、压差、真空度、压力脉动、空蚀及磨损、温度、效率、转速、振动位移、振动速度、振动加速度、噪声、形位公差、粗糙度、硬度、振动频率、材料力学性能(抗拉强度、弯曲及延伸率) (2)电气设备检测16项:频率、电流、电压、电阻、绝缘电阻、交流耐压、直流耐压、励磁特性、变比及组别测量、相位检查、合分闸同期性、密封性试验、绝缘油介电强度、介质损耗因数、电气间隙和爬电距离、开关操作机构机械性能
	乙级	(1)水力机械检测10项:流量、水头(扬程)、水位、压力、空蚀及磨损、效率、转速、噪声、粗糙度、材料力学性能(抗拉强度、弯曲及延伸率) (2)电气设备检测8项:频率、电流、电压、电阻、绝缘电阻、励磁特性、相位检查、开关操作机构机械性能
量测类	甲级	量测类检测24项:高程、平面位置、建筑物纵横轴线、建筑物断面几何尺寸、结构构件几何尺寸、角度、坡度、平整度、水平位移、垂直位移、振动频率、加速度、速度、接缝和裂缝开合度、倾斜、渗流量、扬压力、渗透压力、孔隙水压力、温度、应力、应变、地下水位、土压力
	乙级	量测类检测17项:高程、平面位置、建筑物纵横轴线、建筑物断面几何尺寸、结构构件几何尺寸、坡度、平整度、水平位移、垂直位移、接缝和裂缝开合度、渗流量、扬压力、渗透压力、孔隙水压力、应力、应变、地下水位

注:此表参见《水利工程质量检测管理规定》(2008年11月3日水利部令第36号发布 根据2017年12月22日《水利部关于废止和修改部分规章的决定》修正 根据2019年5月10日《水利部关于修改部分规章的决定》第二次修正)。

2.3　工地现场试验室设立要求

工地现场试验室是指水利工程建设过程中,为控制质量由相应等级的检测机构在工程现场设立的试验室。

(1)工地现场试验室应当在母体检测机构资质范围内,按照授权的试验检测项目和参数，为承担的工程建设项目提供检测服务，其间不得承揽授权工程以外的试验检测业务。

(2)母体检测机构对工地现场试验室的管理体系内审每年不少于1次。

(3)工地现场试验室授权负责人和试验检测人员应当是母体检测机构委托的正式聘用人员，并具备相应的检测资格，人员数量应能满足工程需要。

(4)母体检测机构应在其等级证书核定的业务范围内，根据现场管理需要和合同约定，对工地现场试验室进行授权。

授权书内容包括工地现场试验室可开展的试验检测项目及参数、授权负责人、授权时间，格式详见附录E.2。

(5)工地现场试验室应按照母体检测机构质量管理体系的要求有效运行，并做到试验台账、仪器设备使用记录、原始记录、检测报告相互对应。

(6)工地现场试验室检测仪器设备在使用前必须通过计量检定或校准。

第3章　检测机构质量管理

3.1　合同管理

3.1.1　合同内容

合同订立应遵照国家法律法规和有关规定，采用标准合同范本；没有标准合同范本的，由合同当事人协商确定。

合同应包括但不限于当事人名称、标的、数量、质量、价款及价款支付、履行期限、双方的违约责任、争议解决方式、地点和联系方式等内容。

合同当事人依法享有合同权利，应当积极履行合同义务，并相互监督，不得擅自变更或修改合同内容，确需变更或修改合同内容的，应按合同约定或有关规定执行。

检测机构对委托人送检的样品进行检验的，检测报告仅对样品所检项目的符合性情况负责，送检样品的代表性和真实性由委托人负责（试验室现场抽样的除外）。

3.1.2　合同评审

检测机构应与委托方充分沟通，了解委托方需求，并对自身的技术能力和资质状况能否满足委托方要求进行评审。若有关要求发生修改或变更时，需重新进行评审。当委托方要求出具的检测报告包含对项目/参数进行合格性评价时，检测机构应有相应的判定规则并纳入合同评审。

在执行合同期间，就委托方的要求或工作结果与委托方进行讨论的有关记录，也属于合同评审内容，应予以保存。

当合同涉及分包项目时，合同评审的内容必须包括被分包的所有工作。

合同签订后，如合同需要修改，应重复进行同样的合同评审过程，并将所有修改内容通知受影响的人员。

3.2 分包管理

分包是指承包单位将其所承包的部分检测项目依法分包给具有相应资质的其他单位完成的活动。

检测机构不允许全部分包，否则应视为转包。需要分包检测项目的，检测机构应当分包给具备相应条件和能力的检测机构，并事先取得委托人的同意。

检测机构应当在检验检测报告中注明分包的检测项目以及承担分包项目的检测机构，并对分包结果承担连带责任，但委托方或法律法规指定的分包除外。

3.3 检测人员管理

根据《水利工程质量检测管理规定》（水利部令第 36 号）2019 年修订内容规定，从事水利工程质量检测的专业技术人员应具备相应的质量检测知识和能力，并按照国家职业资格管理或者行业自律管理的规定取得从业资格。检测人员应按照法律、法规和标准开展质量检测工作，并对质量检测结果负责。

从事水利工程质量检测的人员应具有水利工程质量检测员资格或水利水电工程及相关专业中级（含中级）以上职称。

从事无损检测的人员应按照检测方法和内容，取得符合《无损检测　人员资格鉴定与认证》（GB/T 9445—2015）要求相应专业等级的无损检测资格证书。

检测机构及其人员应当对其出具的检验检测报告负责，依法承担民事、行政和刑事法律责任。

检测机构及其人员应当独立于其出具的检测报告所涉及的利益相关方，不受任何可能干扰其技术判断的因素影响，保证出具的检验检测报告真实、客观、准确、完整。

从事检测活动的人员，不得同时在两个以上检测机构从业。检验检测授权签字人应当符合相关技术能力要求。

承担第三方质量检测工作时，应根据工程内容、工作性质成立相应检测项目部，明确项目负责人和各专业检测人员，检测人员的数量和技术能力应满足所检工程项目的需要。

法律、行政法规对检验检测人员执业资格或者禁止从业另有规定的，应依照其规定。

3.4　设备管理

检测机构应配备满足检验检测(包括抽样、样品制备、数据处理与分析)要求的设备和设施并建立设备台账，制定设备检定/校准计划。

检测机构应对对检验检测结果、抽样结果的准确性或有效性有影响或计量溯源性有要求的设备，包括用于测量环境条件等辅助测量设备按照检定/校准计划委托有资质的检定/校准机构进行检定或校准。

所有需要检定、校准或有有效期的设备应进行统一编号，使用标签、编码或以其他方式进行标识，设备上应有唯一性标识和设备检定/校准状态信息，以便使用人员易于识别检定/校准的状态或有效期。

3.5　检测方法管理

检测工作必须依据适合的检验检测方法，优先使用标准方法，并确保使用标准的有效版本；在使用非标准方法前，应进行确认。

检测单位所采用的检验检测方法必须满足委托方需要并符合所进行的检验检测工作的特点，应优先选用国家、行业、地方、团体标准方法，应确保使用的标准为最新版本，在初次使用标准方法前，应证实能够正确地运用这些标准方法。

当委托方建议的方法不合适或已过期时，应向委托方说明情况，并向委托方推荐合适的或有效的方法，经委托方同意后方可进行检测。

如果委托方没有明确指定检测方法，检测单位应以国家、行业、地方、团体标准方法发布的，或由知名的技术组织或有关科学书籍和期刊公布的，或由设备制造商指定的方法进行检测。任何方法的选择和使用必须经过委托方的同意。

3.6 检测结果报告管理

检测结果报告是检测活动的最终成果，为提供准确、清晰、客观的数据结果，检测结果报告的基本要求、包含内容及修改应符合下列要求。

3.6.1 结果报告的基本要求

（1）检测依据准确，符合委托方要求。

（2）报告结果及时，按规定时限向委托方提交结果报告。

（3）结果表述准确、清晰、明确、客观，易于理解。

（4）使用法定计量单位。

（5）结果报告中的术语、符号、代号、数据的有效数字位数等，应与检测依据的技术标准、规范要求相一致；检验检测报告应有唯一性标识；结果报告的数值不允许涂改，幅面整洁；结果报告应按要求加盖检验检测专用章，并有相应人员的签字，符合市场监督管理部门认证范围的还应加盖中国计量认证（China Inspection Body and Laboratory Mandatory Approval，CMA）章。

3.6.2 结果报告的内容

（1）委托方提供的基本信息：客户名称和联系信息、委托人（抽样人）、见证单位见证人（适用时）、工程名称、委托（抽样）日期。

（2）委托方提供样品的信息：样品名称、样品状态及数量、代表部位、代表数量、批号。

（3）委托合同中规定的信息：技术要求以及检测性质、检测项目、检测的标准依据。

（4）检测过程信息：检测用主要仪器设备及编号、检测的环境条件、检测的地点（如果与检验检测机构的地址不同）、检测日期。

（5）检测结果信息：检测数据、结果，与检测内容相适应的检测结论。

（6）检测机构的信息：检测机构的全称、地址及联系方式等。

（7）报告签发信息：签发日期、报告唯一性编号及页码。

（8）检测机构不负责抽样（如样品是客户提供）时，应在报告中声明结果仅适用于客户提供的样品。

3.6.3　结果报告修改

检测报告需要更正或增补时，须经技术负责人（技术主管）审查同意，并予以记录，修改的检测报告应注明所代替的报告，并注以唯一性标识。

3.7　检测档案管理

检测档案是指在检测过程中直接形成的有保存价值的各种文字、图表、照片、电子文件等各种形式的历史记录。工程档案资料应随工程建设进度同步形成，不得事后补编。

3.7.1　检测文件归档范围及要求

招投标文件、检测合同、检测方案、各类质量检测报告（含原始记录）、简报、检测台账、不合格台账及其他电子文档数据等均应归档保存。各类质量检测报告、见证取样单应由检测单位按年度统一顺序编号，不得随意抽撤、涂改。

归档的纸质工程文件应为原件，不能提供原件的应说明原因；检测文件的内容必须真实、准确，应与工程实际相符合。

3.7.2　归档时间要求

根据建设程序和工程特点，归档可分阶段分期进行，也可以在工程通过竣工验收后将全部检测档案向建设单位移交。保存期限应与工程使用年限一致，并符合《水利工程建设项目档案管理规定》（水办〔2021〕200 号）要求。

3.8　安全管理

为了加强安全生产工作，防止和减少生产安全事故，保障单位职工生命和财产安全，根据《山东省安全生产条例》（2021 年 12 月 3 日山东省第十三届人民代表大会常务委员会第三十二次会议修订）、《山东省生产经营单位安全生产主体责任规定》（2013 年 2 月 2 日山东省人民政府令第 260 号公布　根据 2016 年 6 月 7 日山东省人民政府令第 303 号第一次修订　根据 2018 年 1 月 24 日山东省人民政府令第 311 号第二次修订）等规定，坚持以人为本，坚持安全发展、源头防范，坚持安全第一、预防为主、综合治理的方针，结合检测单位实际情况，安全管理要求如下。

3.8.1 建立健全安全生产责任体系

（1）实行全员安全生产责任制，明确单位主要负责人、其他负责人、职能部门负责人、一般从业人员等全体从业人员的安全生产责任，并逐级进行落实和考核。考核结果作为从业人员职务调整、收入分配等的重要依据。

（2）依据法律、法规、规章和国家、行业或者地方标准，制定涵盖本单位生产经营全过程和全体从业人员的安全生产管理制度和安全操作规程。

3.8.2 建立安全生产风险分级管控体系

定期进行安全生产风险排查，对排查出的风险点按照《安全生产风险分级管控体系通则》（DB37/T 2882—2016）开展风险分级管控体系建设工作。

3.8.3 建立健全安全生产隐患排查治理体系

按照《生产安全事故隐患排查治理体系通则》（DB37/T 2883—2016）开展隐患排查治理体系建设工作。对检查出的问题应当立即整改；不能立即整改的，应当采取有效的安全防范和监控措施，制定隐患治理方案，并落实整改措施、责任、资金、时限和预案；对于重大事故隐患，整改治理结束后，应当将治理效果评估报告报安全生产监督管理部门和有关部门备案。

3.8.4 定期组织安全生产教育培训

检测机构应当定期组织全员进行安全生产教育培训。

3.8.5 确保安全生产资金投入

检验检测机构应当确保本单位具备安全生产条件所必需的资金投入，安全生产资金投入纳入年度生产经营计划和财务预算，不得挪作他用。

3.8.6 建立健全应急预案体系

（1）依据《生产安全事故应急预案管理办法》（国家安全生产监督管理总局令　第88号）以及《山东省生产安全事故应急办法》（山东省人民政府令　第

341号)，切实强化应急预案的制修订工作，每年至少组织1次演练。

(2)建立应急救援组织，配备相应的应急救援器材及装备。不具备单独建立专业应急救援队伍的规模较小的检测机构，可与邻近建有专业救援队伍的企业或单位签订救援协议，或者联合建立专业应急救援队伍。

3.8.7　持续健全完善标准化体系

检测机构按照《水利安全生产标准化通用规范》(SL/T 789—2019)开展水利安全生产标准化建设工作。

第4章 施工单位委托检验检测要求

施工单位委托的检测机构资质能力应符合本指南2.1条、2.2条要求。水利工程中涉及的桥梁、房建等其他行业的检测,可在与发包人协商,征得发包人同意后委托具有相关资质的检测机构进行检测。

设立工地现场试验室的,还应符合本指南2.3条要求。

4.1 委托检测合同

委托检测合同内容应至少包括工程名称、工程概况、委托单位、检测单位、检测项目、检测数量、依据标准规范、双方的权利和义务、费用的支付、合同份数、发生争议的解决办法以及双方签字盖章等内容。主要内容如下。

(1)工程概况:包括工程名称、工程地点、工程规模及特性、工程投资、工程总工期等内容。

(2)检测内容:包括原材料、中间产品、实体质量等的检测(具体样品和项目详细列表)。

(3)检测依据:根据检测内容填写相应的标准规范。

(4)委托人的义务、责任和权利:对双方的权利义务及合同执行过程中的细节进行详细描述约定。

(5)被委托人的义务、责任和权利:对双方的权利义务及合同执行过程中的细节进行详细描述约定。

(6)价款及支付方式。

(7)其他未尽事宜及争议解决方法。

(8)协议书生效方式及份数。

(9)合同附件:检测单位营业执照、检测单位资质认定证书、水利行政主管

部门资格证书。

4.2　工程项目检测计划、检测台账及不合格台账

4.2.1　检测计划

检测计划包括工程概况、编制依据、主要检测产品/项目、检测参数、检测频次及检测时机等。

4.2.2　检测台账

检测台账包括工程名称、样品名称/检测项目、取样/检测日期、代表数量、代表部位、取样人、报告编号、报告结论等内容。

4.2.3　不合格台账

不合格台账包括工程名称、样品名称/检测项目、取样/检测日期、代表数量、代表部位、取样人、报告编号、对不合格产品/项目的整改情况说明。

4.3　检测产品/项目参数及频次要求

4.3.1　原材料检测项目及频次要求

水利工程涉及的原材料主要包括混凝土用原材料、石料、钢筋、土工合成材料、止水材料、管材、钢绞线等，具体检测参数、频次要求详见表 4.1。

表 4.1　水利工程原材料检测参数及频次表

	产品名称	主要检测参数	检测频次	引用标准
1	水泥	3 d、28 d 抗压强度及抗折强度，比表面积（细度），凝结时间，安定性等	以同一水泥厂、同品牌、同强度等级、同一出厂编号，袋装水泥每不超过 200 t 为一验收批；散装水泥每不超过 400 t 为一验收批	《通用硅酸盐水泥》(GB 175—2007)、《水工混凝土施工规范》(SL 677—2014)

续表

	产品名称	主要检测参数	检测频次	引用标准
2	粉煤灰	细度、烧失量、需水量比、三氧化硫等	连续供应不超过 200 t 为一组	《用于水泥和混凝土中的粉煤灰》（GB/T 1596—2017）、《水工混凝土掺用粉煤灰技术规范》（DL/T 5055—2007）
3	矿渣粉	比表面积、活性指数、流动度比、含水量等	连续供应不超过 200 t 为一组	《用于水泥和混凝土中的粒化高炉矿渣粉》（GB/T 18046—2017）
4	细骨料	含泥量、泥块含量、云母含量、有机质含量、颗粒级配等	同料源每 600～1200 t 为一批，不足 600 t 亦取一组	《普通混凝土用砂、石质量及检验方法标准》（JGJ 52—2006）、《建设用卵石、碎石》（GB/T 14685—2011）、《建设用砂》（GB/T 14684—2011）、《水工混凝土试验规程》（SL/T 352—2020）、《水工混凝土施工规范》（SL 677—2014）
5	粗骨料（碎石、卵石）	含泥量、泥块含量、颗粒级配、压碎指标、有机质含量、软弱颗粒含量等	同料源、同规格碎石每 2000 t 为一批，卵石每 1000 t 为一批，不足者亦取一组	
6	外加剂	减水率、泌水率比、含气量、凝结时间之差、1 h 经时变化量（坍落度）、抗压强度比、氯离子含量（电位滴定法）、含固量、含水率、密度、细度、pH、总碱量、硫酸钠含量等	掺量不小于 1% 的外加剂以不超过 100 t 为一取样单位，掺量小于 1% 的外加剂以不超过 50 t 为一取样单位，掺量小于 0.05% 的外加剂以不超过 2 t 为一取样单位，不足一个取样单位按一个取样单位计	《混凝土外加剂》（GB 8076—2008）、《混凝土防冻剂》（JC/T 475—2004）、《聚羧酸系高性能减水剂》（JG/T 223—2017）

续表

	产品名称	主要检测参数	检测频次	引用标准
7	膨润土	600 r 读值、层服值/塑性黏度、滤失量、过筛率、水分	每 60 t 为一检验批次，不足 60 t 也应检测一次；散装每一罐车为一批	《膨润土》(GB/T 20973—2020)
8	混凝土用水	pH、不溶物、可溶物、碱含量等	地表水每 6 个月检验一次；地下水每年检验一次；再生水每 3 个月检验一次，在质量稳定一年后，可每 6 个月检验一次；当发现水受到污染和对混凝土性能有影响时，应立即检验	《混凝土用水标准》(JGJ 63—2006)、《水工混凝土试验规程》(SL/T 352—2020)
9	石料	抗压强度、软化系数等	浆(干)砌石料：1 组/2000 m^3；抛填石料：1 组/20000 m^3；不足方数的也应取一组。试样的石料不宜小于 20 cm×20 cm×15 cm	《水利水电工程岩石试验规程》(SL/T 264—2020)
10	钢筋	外观质量及公称直径、质量偏差、抗拉强度、下屈服强度、断后伸长率、最大力总延伸率(抗震钢筋)、冷弯、反向弯曲(抗震钢筋)等	同厂家、同炉号、同级别、同规格、同截面、同一出厂时间每 60 t 为一检验批次，不足 60 t 按一批计算；盘卷钢筋和直条钢筋调直后，同一厂家、同一牌号、同一规格调直钢筋，质量不大于 30 t 为一批。每组 7 根，2 根冷弯，1 根反向弯曲，5 根称质量偏差(其中 2 根冷拉)	《钢筋混凝土用钢　第 1 部分：热轧光圆钢筋》(GB/T 1499.1—2017)、《钢筋混凝土用钢　第 2 部分：热轧带肋钢筋》(GB/T 1499.2—2018)

续表

	产品名称	主要检测参数	检测频次	引用标准
11	钢筋	焊接接头质量：抗拉强度、冷弯	一组/300 根（或按设计要求），且每种接头不少于 1 组。对焊一组 6 根试样，3 根拉伸，3 根冷弯；搭接焊一组 3 根，只做拉伸	《钢筋焊接及验收规程》（JGJ 18—2012）、《钢筋焊接接头试验方法标准》（JGJ/T 27—2014）
12	钢筋	钢筋机械连接	一组/500 个（或按设计要求），且每种接头不少于 1 组，一组 3 根	《钢筋机械连接技术规程》（JGJ 107—2016）
13	止水材料	橡胶止水带母材：拉伸强度、扯断伸长率、撕裂强度、老化、接头强度	B 类、S 类止水带以同标记、连续生产的 5000 m 为一批（不足 5000 m 按一批件），J 类止水带以每 100 m 制品所需的胶料为一批	《高分子防水材料　第 2 部分：止水带》（GB 18173.2—2014）
14	止水材料	铜及钢止水带母材：强度、伸长率、接头强度	带材应成批提交验收，每批应有同一牌号、状态和规格组成，每批质量应不大于 4500 kg（如该批为同一熔次，则批重可不大于 10000 kg）	《铜及铜合金带材》（GB/T 2059—2017）
15	土工布	单位面积质量偏差率、厚度偏差率、断裂强度、伸长率、顶破强度、撕破强力	按批号的同一品种、同一规格的产品作为检验批次	《土工合成材料　短纤针刺非织造土工布》（GB/T 17638—2017）、《土工合成材料测试规程》（SL 235—2012）
16	复合膜	断裂强度、伸长率、顶破强度、撕破强力	按批号的同一品种、同一规格的产品作为检验批次	《土工合成材料　非织造布复合土工膜》（GB/T 17642—2008）、《土工合成材料测试规程》（SL 235—2012）

续表

	产品名称	主要检测参数	检测频次	引用标准
17	土工膜	拉伸断裂强度、断裂伸长率、直角撕裂负荷	按批号的同一品种、同一规格的产品作为检验批次	《土工合成材料　聚乙烯土工膜》(GB/T 17643—2011)
18	橡胶支座	外观、力学性能等	一般桥梁：不少于总数的20%，若有不合格，应重新抽取总数的30%，若仍有不合格试件，100%抽取 重要桥梁：不少于总数的50%，若有不合格则100%检测 特别重要桥梁：抽样数量为总数的100% 每项工程总数不少于20件，每件规格的产品抽检数量不少于4件	《橡胶支座　第2部分：桥梁隔震橡胶支座》(GB 20688.2—2006)
19	(单向)土工格栅	规格、幅宽、屈服伸长率等	同一规格且不超过500卷为一批，每批抽3卷进行宽度和外观检查，再从中取一卷取足够试样，进行力学性能检验和定型检验	《土工合成材料　塑料土工格栅》(GB/T 17689—2008)
20	(双向)土工格栅	规格、幅宽、拉伸强度等		
21	预应力筋锚具、夹具和连接器	外观、硬度、静载锚固性能试验	锚具、夹具每1000套为一批，连接器每500套为一批；硬度检验：应从每批中抽取5%的锚具且不少于5套；每批抽取6套进行静载锚固性能检验	《预应力筋用锚具、夹具和连接器》(GB/T 14370—2015)

续表

	产品名称	主要检测参数	检测频次	引用标准
22	钢绞线	尺寸、外形、质量及允许偏差，力学性能，钢绞线弹性模量等	每批应由同一牌号、同一规格、同一生产工艺捻制组成，每批质量不大于 60 t	《预应力混凝土用钢绞线》(GB/T 5224—2014)
23	橡胶坝坝袋	胶料的层胶厚度、胶料的拉伸强度、胶料的扯断伸长率、胶料的热淡水老化、胶料的热空气老化等	坝袋胶布以每座(跨)坝袋为一批进行检验	《橡胶坝坝袋》(SL 554—2011)、《硫化橡胶或热塑性橡胶　热空气加速老化和耐热试验》(GB/T 3512—2014)
24	给水用聚乙烯(PE)管材	外观、平均外径、壁厚及公差、断裂伸长率、纵向回缩率、静液压强度	同一批原料，同一配方和工艺情况下，每批质量不超过 200 t，如果生产 10 d 仍不足 200 t，以 10 d 产量为一批	《塑料管道系统　塑料部件尺寸的测定》(GB/T 8806—2008)、《热塑性塑料管材拉伸性能测定　第 3 部分：聚烯烃管材》(GB/T 8804.3—2003)、《热塑性塑料管材　纵向回缩率的测定》(GB/T 6671—2001)、《流体输送用热塑性塑料管道系统耐内压性能的测定》(GB/T 6111—2018)

续表

	产品名称	主要检测参数	检测频次	引用标准
25	给水用硬聚氯乙烯(PVC-U)管材	外观、壁厚、平均外径、维卡软化温度、纵向回缩率、液压试验、落锤冲击试验、烘箱试验、拉伸的屈服应力、环刚度、扁平试验、密度、坠落试验	同一批原料,同一配方和工艺情况下生产的同一规格管材为一批。当公称直径不大于63 mm时,每批数量不超过50 t,当公称直径大于63 mm时,每批质量不超过100 t。如果生产7 d仍不足批量,以7 d产量为一批	《塑料管道系统　塑料部件尺寸的测定》(GB/T 8806—2008)、《塑料　非泡沫塑料密度的测定　第1部分:浸渍法、液体比重瓶法和滴定法》(GB/T 1033.1—2008)、《热塑性塑料管材耐外冲击性能试验方法　时针旋转法》(GB/T 14152—2001)、《流体输送用热塑性塑料管道系统耐内压性能的测定》(GB/T 6111—2018)、《热塑性塑料管材、管件维卡软化温度的测定》(GB/T 8802—2001)、《热塑性塑料管材纵向回缩率的测定》(GB/T 6671—2001)
26	给水用硬聚氯乙烯(PVC-U)管件	外观、壁厚、平均外径、维卡软化温度、纵向回缩率、液压试验、落锤冲击试验、烘箱试验、拉伸的屈服应力、环刚度、扁平试验、密度、坠落试验	同一批原料,同一配方和工艺情况下生产的同一规格管件为一批。当公称直径不大于32 mm时,每批数量不超过2万个,当公称直径大于32 mm时,每批数量不超过5000个。如果生产7 d仍不足批量,以7 d产量为一批。一次交付可由一批或多批组成,交付时注明批号,同一交付批号产品为一个交付检验批	
27	建筑排水用硬聚氯乙烯管材	外观、颜色、平均外径、壁厚、维卡软化温度、纵向回缩率、拉伸屈服强度、落锤冲击试验	同一批原料,同一配方和工艺情况下生产的同一规格管材为一批,每批数量不超过50 t。如生产数量少,生产7 d尚不足50 t,则以7 d产量为一批	《建筑排水用硬聚氯乙烯(PVC－U)管材》(GB/T 5836.1—2018)

续表

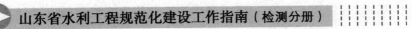

	产品名称	主要检测参数	检测频次	引用标准
28	建筑排水用硬聚氯乙烯管件	颜色、外观、密度（浸渍法）、维卡软化温度、烘箱试验、坠落试验	同一批原料，同一配方和工艺情况下生产的同一规格管件为一批。当公称直径小于75 mm时，每批数量不超过10000件，当公称直径不小于75 mm时，每批数量不超过5000件。如果生产7 d仍不足批量，以7 d产量为一批。一次交付可由一批或多批组成，交付时注明批号，同一交付批号产品为一个交付检验批	《建筑排水用硬聚氯乙烯（PVC-U）管件》（GB/T 5836.2—2018）
29	排水用芯层发泡硬聚氯乙烯（PVC-U）管材	颜色和外观检查、平均外径和壁厚、内外表层壁厚、不圆度、承口平均内径、弯曲度、环刚度、扁平试验、落锤冲击试验、系统适用性试验	同一批原料，同一配方和工艺情况下生产的同一规格管材为一批，每批质量不超过50 t。如生产数量少，生产期7 d尚不足50 t，则以7 d产量为一批	《排水用芯层发泡硬聚氯乙烯（PVC-U）管材》（GB/T 16800—2008）
30	橡胶密封圈	外观质量、硬度、拉伸强度、拉断伸长率、热空气老化	同一配方、同一成型工艺、同一级别在相似条件下生产的胶圈构成批量，2000个为一批，不足2000个也作一批	《预应力与自应力混凝土管用橡胶密封圈》（JC/T 748—2010）

续表

	产品名称	主要检测参数	检测频次	引用标准
31	橡胶支座	外观、支座抗压弹性模量、支座抗剪弹性模量、支座抗剪黏结性、支座抗剪老化、支座极限抗压强度、支座内部质量、支座平面尺寸、厚度	每批次进场检验一次，每检验批代表数量不超过200个，不足200个也作一批	《公路桥梁板式橡胶支座》(JT/T 4—2019)
32	沥青	密度、针入度、软化点、延度、脆点(弗拉斯法)	同厂家、同标号沥青每批次检测一次，每批30～50 t或一批不足30 t取样1组，若样品检测差值大，应增加检测组数	《水工碾压式沥青混凝土施工规范》(DL/T 5363—2016)、《水工沥青混凝土试验规程》(DL/T 5362—2018)
33	锚杆(中空)	拉伸	每批次进场检验一次，每检验批代表数量不超过1000套	《金属材料 拉伸试验 第1部分:室温试验方法》(GB/T 228.1—2021)、《钢筋混凝土用钢材试验方法》(GB/T 28900—2022)、《中空锚杆技术条件》(TB/T 3209－2008)
34	锚杆(实心)	拉伸、冷弯	每批次进场检验一次，每检验批代表数量不超过300根	《金属材料 拉伸试验 第1部分:室温试验方法》(GB/T 228.1—2021)、《钢筋混凝土用钢材试验方法》(GB/T 28900—2022)、《金属材料弯曲试验方法》(GB/T 232—2010)
35	砖	强度、外观质量、耐久性等	每3.5万至15万块为一检验批次	《砌墙砖试验方法》(GB/T 2542—2012)

续表

	产品名称	主要检测参数	检测频次	引用标准
36	土料击实	最大干密度、最优含水率	每种土质至少一次	《堤防工程施工规范》(SL 260—2014)、《土工试验方法标准》(GB/T 50123—2019)
37	土性分析	颗分、有机质等	每种土质至少1组	《堤防工程施工规范》(SL 260—2014)、《土工试验方法标准》(GB/T 50123—2019)

注：1.表中未列的其他检验项目和依据见相关标准。

2.检验批不足检验批量数时，按一个检验批进行检验。

3.国家及行业颁布新规程规范及技术标准，则按新规程规范及技术标准执行。

4.水泥、粉煤灰、粗细骨料等材料检测参数同一个工程同料源至少一次全检。

4.3.2 中间产品及实体质量检测项目及频次

施工单位自检参数及频次在参照表4.2的同时，还需满足相关水利水电工程单元工程施工质量验收评定标准的要求。

表4.2 中间产品及实体质量检测参数及频次表

	产品名称	主要检测参数	检测频次	引用标准
1	混凝土	配合比设计	按设计标号、施工工艺不同分别送检	《水工混凝土试验规程》(SL/T 352—2020)、《水工塑性混凝土试验规程》(DL/T 5303—2013)、《普通混凝土配合比设计规程》(JGJ 55—2011)、《公路水泥混凝土路面施工技术细则》(JTG/TF 30—2014)、《水工碾压混凝土施工规程》(DL/T 5112—2021)

续表

	产品名称	主要检测参数	检测频次	引用标准
2	普通混凝土	抗压强度	大体积混凝土 28 d 龄期每 500 m^3 成型 1 组；设计龄期每 1000 m^3 成型 1 组；结构混凝土 28 d 龄期每 100 m^3 成型 1 组，设计龄期每 200 m^3 成型 1 组。每一浇筑混凝土方量不足以上规定数字时，也应取样成型 1 组试件	《水工混凝土试验规程》（SL/T 352—2020）、《混凝土结构工程施工质量验收规范》（GB 50204—2015）、《水利水电工程施工质量检验与评定规程》（SL 176—2007）、《水利水电工程单元工程施工质量验收评定标准——混凝土工程》（SL 632—2012）、《混凝土物理力学性能试验方法标准》（GB/T 50081—2019）、《普通混凝土长期性能和耐久性能试验方法标准》（GB/T 50082—2009）、《水工混凝土施工规范》（SL 677—2014）
		抗拉强度	28 d 龄期每 2000 m^3 成型 1 组，设计龄期每 3000 m^3 成型 1 组	
		抗冻性能	设计龄期同强度、同等级的混凝土，每季度施工的主要部位成型 1～2 组	
		抗渗性能		
		抗弯/抗折	设计龄期同强度、同等级的混凝土，每季度 1～2 组	
		静力抗压弹性模量		
		相对渗透性		
		劈裂抗拉强度		
		氯离子扩散系数		

续表

	产品名称	主要检测参数	检测频次	引用标准
3	混凝土结构工程	回弹法/钻芯法检测混凝土抗压强度	构件总数少于20时，全数检测；20～150个构件时，最少抽检20个；151～280个构件时，最少抽检26个；281～500个构件时，最少抽检40个；501～1200个构件时，最少抽检64个；1201～3200个构件时，最少抽检100个	《混凝土结构工程施工质量验收规范》(GB 50204—2015)
		钢筋保护层厚度	均匀分布，对于非悬挑梁板构件，应抽取构件数量的2%且不少于5个构件进行检验；对于悬挑梁构件，应抽取5%且不少于20个构件进行检验；对于悬挑板构件，应抽取10%且不少于20个构件进行检验	
4	塑性混凝土	抗压强度	每个墙段至少1组，大于500 m^3的墙段至少2组，薄墙每5个墙段至少1组	《水工混凝土试验规程》(SL/T 352—2020)、《水工塑性混凝土试验规程》(DL/T 5303—2013)、《水利水电工程混凝土防渗墙施工技术规范》(SL 174—2014)
		渗透系数	每8～10个墙段成型1组，薄墙每20个墙段至少1组	
		弹性模量	根据试验需要确定	
		钻孔取芯	每15～20个槽孔1个	
		注水试验		
		墙体完整性	全检	

续表

	产品名称	主要检测参数	检测频次	引用标准
5	砌体工程	砂浆配合比设计	按设计标号、施工工艺、部位不同分别送检	《水工混凝土试验规程》(SL/T 352—2020)、《砌筑砂浆配合比设计规程》(JGJ/T 98—2010)
		抗压强度	每200 m³砌体同一强度等级的砂浆,取样不得少于1组;少于200 m³时,也不得少于1组	《建筑砂浆基本性能试验方法》(JGJ 70—2009)、《水工混凝土试验规程》(SL/T 352—2020)
		岩石抗压强度及软化系数	按轴线长度每10 m或按面积每50 m²为一个检测单元,每个检测单元不少于3个测点	《水利工程质量检测技术规程》(SL 734—2016)、《水利水电工程岩石试验规程》(SL/T 264—2020)
		坡度/垂直度		
		块石尺寸		
		砌筑质量	按轴线长度每10 m或按面积每50 m²为一个检测单元,每个检测单元不少于6个测点	《水利工程质量检测技术规程》(SL 734—2016)
		垫层厚度		
		砌石厚度		
		表面平整度		
		砌缝饱满度与密实度		
		砌缝宽度		
		腹石砌筑质量		
6	水泥稳定碎石层	配合比设计	按设计标号、施工工艺、部位不同分别送检	《公路水泥混凝土路面施工技术细则》(JTG/T F30—2014)、《公路工程无机结合料稳定材料试验规程》(JTG E51—2009)

续表

	产品名称	主要检测参数	检测频次	引用标准
6	水泥稳定碎石层	无侧限抗压强度	每 2000 m^2 制备 1 组试件	《公路工程质量检验评定标准 第一册 土建工程》(JTG F80/1—2017)
		压实度或相对密度、厚度	每 200 m 检测 2 点	
		宽度	每 200 m 检测 4 点	
		纵断高程、横坡	每 200 m 检测 2 个断面	
		平整度	每 200 m 检测 2 处×5 尺(3 m 直尺)	
7	水泥土填筑	配合比设计	按设计标号、施工工艺、部位不同分别送检	《水泥土配合比设计规程》(JGJ/T 233—2011)
		压实度	每 200 m 检测 2 点或按设计要求	《公路工程质量检验评定标准 第一册 土建工程》(JTG F80/1—2017)
		无侧限抗压强度	每 2000 m^2 制备 1 组试件或按设计要求	
8	普通混凝土小型砌块	尺寸偏差、外观质量、外壁和肋厚、强度等级、吸水率等	同一原材料配制成的相同规格、龄期、强度等级和相同生产工艺生产的 500 m^3 且不超过 3 万块砌块为一批，每周生产不足 500 m^3 且不超过 3 万块砌块按一批计	《普通混凝土小型砌块》(GB/T 8239—2014)、《混凝土砌块和砖试验方法》(GB/T 4111—2013)
9	预制衬砌板	外观缺陷	全数目测检查	《输水渠道预制衬砌板检测规程》(DB37/T 3920—2020)、《水工混凝土试验规程》(SL/T 352—2020)
		外形尺寸	同一批制作的板材，不超过 20000 块为一检测批	
		立方体抗压强度(成品)	每一批次原材料生产的板材，不超过 100000 块为一个检测批，每批抽样数量不应少于一次	
		立方体抗压强度(拌和物)	每一批次原材料至少检验一次	

续表

	产品名称	主要检测参数	检测频次	引用标准
9	预制衬砌板	抗渗性能	每一批次原材料至少检验一次	《输水渠道预制衬砌板检测规程》(DB37/T 3920—2020)、《水工混凝土试验规程》(SL/T 352—2020)
		抗冻性能		
10	水泥土搅拌桩	工艺试验	复合地基不少于 3 根,多头深层搅拌不少于 3 组,防渗墙和支护挡墙应形成 3～5 m 的墙体	《深层搅拌法地基处理技术规范》(DL/T 5425—2018)、《水泥土配合比设计规程》(JGJ/T 233—2011)
		水泥、拌和用水质量	按相应材料规定执行	
		搅拌叶片直径、回转速度、提升速度	每单元检测一次	
		垂直度及桩位偏差	每个机位均应检测	
		轻型动力触探检测每米桩的均匀性	总桩数的 1%,不少于 3 棵	
		浅部开挖检查均匀性、成桩直径	总桩数的 5%	
		承载力试验	总桩数的 0.5%～1%,且每项单体工程不少于 3 点	
		无侧限抗压强度试验	依据设计要求	
		钻孔检查(抗压强度/渗透系数/均匀性/完整性)	每 300～500 m 抽检 1 孔,不足 300 m 抽检 1 孔	

续表

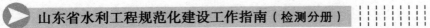

	产品名称	主要检测参数	检测频次	引用标准
10	水泥土搅拌桩	开挖检查（完整性、均匀性、桩体间连接质量和墙体厚度，抗压强度、渗透系数）	堤防工程每 500 m 开挖 1 处，不足 500 m 也应布 1 处，坝体防渗墙可适量布置开挖点	《深层搅拌法地基处理技术规范》（DL/T 5425—2018）、《水泥土配合比设计规程》（JGJ/T 233—2011）
		无损检测	依据设计要求	
11	土料碾压填筑	铺土厚度、压实度、含水率、相对密度等	建筑物附近每层在 50 m^2 范围内应有 1 个压实度检测点，不足 50 m^2 至少应有一个检测点；铺土厚度按作业面积 100～200 m^2 检测一个点；土料碾压按填筑量 100～150 m^3 取样 1 个，堤防加固按堤轴线方向，每层 20～30 m 取样 1 个，若作业面或局部返工部位按填筑量计算取样不足 3 个时也应取 3 个	《土工试验方法标准》（GB/T 50123—2019）、《水利水电工程单元工程施工质量验收评定标准——堤防工程》（SL 634—2012）、《堤防工程施工规范》（SL 260—2014）
12	堤基内坑、槽、沟、穴等处理	压实度、含水率、相对密度等	每处、每层 400 m^2 取样 1 个，不足 400 m^2 取样 1 个	《土工试验方法标准》（GB/T 50123—2019）、《水利水电工程单元工程施工质量验收评定标准——堤防工程》（SL 634—2012）、《堤防工程施工规范》（SL 260—2014）
13	建筑物地基填土处理	压实系数（度）、地基承载力、相对密度等	大基坑每 50～100 m^2 面积内不应少于 1 个点；对基槽每 10～20 m 不应少于 1 个点；每个独立柱基不应少于 1 个点	《土工试验方法标准》（GB/T 50123—2019）、《建筑地基基础设计规范》（GB 50007—2011）、《建筑地基基础工程施工质量验收标准》（GB 50202—2018）

续表

	产品名称	主要检测参数	检测频次	引用标准
14	建筑基桩	桩长、桩径	逐根检验	《建筑地基处理技术规范》(JGJ 79—2012)、《建筑基桩检测技术规范》(JGJ 106—2014)、《建筑桩基技术规范》(JGJ 94—2008)
		桩身完整性、桩身缺陷	设计等级为甲级或地基条件复杂、成桩质量可靠性低的灌注桩，检测数量不少于总桩数的30%且不少于20根；其他不少于20%且不少于10根；桥梁基桩及独立承载的基桩应全检	
		单桩竖向抗压静载	检测数量不少于总桩数的1%且不少于3根；当总桩数少于50根时，不应少于2根	
		高应变	检测数量不少于总桩数的5%且不少于5根	
15	帷幕灌浆	压水试验	检查孔数量为灌浆孔总数的10%左右，多排孔帷幕时，可按主排孔数的10%，1个坝段或1个单元工程内，至少应布置1个检查孔	《水工建筑物水泥灌浆施工技术规范》(SL/T 62—2020)、《水利水电工程勘探规程　第1部分：物探》(SL/T 291.1—2021)、《水利工程质量检测技术规程》(SL 734—2016)
16	固结灌浆	孔位偏差、孔深、压水试验、岩体弹性波波速	压水试验检查孔数量不少于灌浆总孔数的5%	《水工建筑物水泥灌浆施工技术规范》(SL/T 62—2020)、《水利水电工程勘探规程　第1部分：物探》(SL/T 291.1—2021)、《水利工程质量检测技术规程》(SL 734—2016)

续表

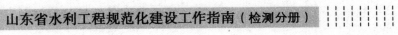

	产品名称	主要检测参数	检测频次	引用标准
17	回填灌浆	浆液结石与围岩之间的脱空尺寸、浆液结石充填密实度、注浆量(或出浆量)等	压力隧洞每 10～15 m 布置 1 个或 1 对检查孔,无压隧洞检查孔可适当减少	《水工建筑物水泥灌浆施工技术规范》(SL/T 62—2020)、《水利水电工程勘探规程 第1部分:物探》(SL/T 291.1—2021)、《水利工程质量检测技术规程》(SL 734—2016)
18	锚杆	钢筋数量、位置偏差、钢筋直径、长度、饱满度、拉拔力	锚杆以锚固面不大于 30 m^2 作为 1 个检测单元。试验数量按每 300 根(包括总数少于 300 根)锚杆抽样一组,每组不应少于 3 根,检查锚杆的位置应包括边墙和顶拱锚杆,地质条件变化或原材料变更时应至少抽样一组,重大工程的抽样数量应适当增加	《水利水电工程锚喷支护技术规范》(SL 377—2007)、《水电水利工程锚杆无损检测规程》(DL/T 5424—2009)、《水利工程质量检测技术规程》(SL 734—2016)、《混凝土结构后锚固技术规程》(JGJ 145—2013)、《水工预应力锚固技术规范》(SL/T 212—2020)
19	锚筋桩、锚索	锚固力	以单桩、单索作为 1 个检测单元	
20	喷射混凝土	抗压强度、厚度、与围岩黏结强度、挂网位置和范围	应根据工程特点和施工情况划分,每个检测单元应不大于 50 m^2;抗压强度每种材料或每一配合比每喷射 1000 m^2(含不足 1000 m^2 的单项工程)各取样 1 组,每组试样为 3 块,有其他要求时应增加取样数量	《水利水电工程锚喷支护技术规范》(SL 377—2007)、《水利工程质量检测技术规程》(SL 734—2016)

续表

	产品名称	主要检测参数	检测频次	引用标准
21	钢闸门	钢板（材）厚度、化学元素分析；橡胶水封硬度、厚度、止水表面平面度；焊缝质量（焊缝外观及内部质量）；防腐质量（防腐涂层厚度及附着力）；结构尺寸与变形（结构尺寸、组装偏差、变形量）；闸门及埋件安装质量；铸锻件内部质量；启闭运行试验	不分节的闸门每扇门为1个检测单元，分节制造的闸门每节为1个检测单元，每扇（孔）的门槽埋件为1个检测单元	《无损检测　超声测厚》(GB/T 11344—2021)、《焊缝无损检测　超声检测　焊缝中的显示特征》(GB/T 29711—2013)、《焊缝无损检测　超声检测　验收等级》(GB/T 29712—2013)、《水利水电工程钢闸门制造、安装及验收规范》(GB/T 14173—2008)、《水利工程质量检测技术规程》(SL 734—2016)、《焊缝无损检测超声检测　技术、检测等级和评定》(GB/T 11345—2013)、《水工金属结构防腐蚀规范》(SL 105—2007)、《硫化橡胶或热塑性橡胶压入硬度试验方法　第1部分：邵氏硬度计法(邵尔硬度)》(GB/T 531.1—2008)
22	铸铁闸门	铸造外观质量、结构尺寸与变形、闸门及埋件安装质量、启闭运行试验	每扇（孔）为1个检测单元	《铸铁闸门技术条件》(SL 545—2011)、《水利工程质量检测技术规程》(SL 734—2016)、《水工金属结构防腐蚀规范》(SL 105—2007)
23	固定卷扬式启闭机	零部件制造组装质量、机架安装质量、运行试验、噪声	每台套为1个检测单元	《重要用途钢丝绳》(GB 8918—2006)、《铁磁性钢丝绳电磁检测方法》(GB/T 21837—2008)、《水利水电工程启闭机制造安装及验收规范》(SL/T 381—2021)、《金属材料　里氏硬度试验　第1部分：试验方法》(GB/T 17394.1—2014)、《水利工程质量检测技术规程》(SL 734—2016)、《水工金属结构防腐蚀规范》(SL 105—2007)

续表

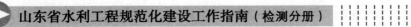

	产品名称	主要检测参数	检测频次	引用标准
24	螺杆式启闭机	螺杆直线度、运行试验	每台套为1个检测单元	《水利水电工程启闭机制造安装及验收规范》(SL/T 381—2021)、《金属材料　里氏硬度试验　第1部分:试验方法》(GB/T 17394.1—2014)、《水利工程质量检测技术规程》(SL 734—2016)、《水工金属结构防腐蚀规范》(SL 105—2007)
25	液压式启闭机	活塞杆镀铬层厚度、液压油清洁度、安装质量、试运转试验、沉降性试验	每台套为1个检测单元	《水利水电工程启闭机制造安装及验收规范》(SL/T 381—2021)、《水利工程质量检测技术规程》(SL 734—2016)、《水工金属结构防腐蚀规范》(SL 105—2007)
26	移动式启闭机	轨道和运行机构制造安装质量、跨中上拱度、悬臂端翘度、试运行试验、静载试验、动载试验及固定卷扬式启闭机中的检测项目	每台套为1个检测单元	《重要用途钢丝绳》(GB 8918—2006)、《水利水电工程启闭机制造安装及验收规范》(SL/T 381—2021)、《金属材料　里氏硬度试验　第1部分:试验方法》(GB/T 17394.1—2014)、《水利工程质量检测技术规程》(SL 734—2016)、《水工金属结构防腐蚀规范》(SL 105—2007)
27	拦污栅、清污机	焊缝质量、栅体和栅条间距尺寸、防腐质量,运行试验	栅体和栅条间距尺寸抽检不少于10%栅条,清污机运行试验每台套均应进行检测,焊缝外观100%检测,内部探伤参照相关规范执行	《水利工程质量检测技术规程》(SL 734—2016)

续表

	产品名称	主要检测参数	检测频次	引用标准
28	控制柜	继电保护器(时间、电流、电压)、接触器(外观质量、绝缘电阻、弹跳时间)、断路器(外观质量、绝缘电阻、弹跳时间)	每台套控制柜内的继电保护器、接触器、断路器均应检测	《低压成套开关设备和控制设备　第1部分:总则》(GB 7251.1—2013)、《电气装置安装工程电气设备交接试验标准》(GB 50150—2016)、《水利工程质量检测技术规程》(SL 734—2016)
29	传感器和开度仪	位移传感器(外观质量、位移、行程)、温度传感器(外观质量、温度)、压力传感器(外观质量、压力)、荷载传感器(外观质量、荷载)、开度仪(闸门开度)	每种传感器和每台套开度仪均应检测	《低压成套开关设备和控制设备　第1部分:总则》(GB 7251.1—2013)、《电气装置安装工程电气设备交接试验标准》(GB 50150—2016)、《水利工程质量检测技术规程》(SL 734—2016)
30	钢管	壁厚、结构尺寸、安装质量、焊缝质量、防腐质量、水压试验	按照钢管轴线长度,每一个拼装节作为1个检测单元,水压试验管段长度不宜大于1.0 km	《水利工程压力钢管制造安装及验收规范》(SL 432—2008)、《无损检测 超声测厚》(GB/T 11344—2021)、《焊缝无损检测　超声检测　焊缝中的显示特征》(GB/T 29711—2013)、《焊缝无损检测　超声检测　验收等级》(GB/T 29712—2013)、《水工金属结构防腐蚀规范》(SL 105—2007)、《水利工程质量检测技术规程》(SL 734—2016)、《给水排水管道工程施工及验收规范》(GB 50268—2008)

续表

	产品名称	主要检测参数	检测频次	引用标准
31	水轮机	振动、主轴摆度、压力脉动、转速、导叶漏水量、噪声、焊缝质量、变形、水轮机出力	每台水轮机作为1个检测单元	《水利工程质量检测技术规程》(SL 734—2016)、《水力机械(水轮机、蓄能泵、和水泵水轮机)振动和脉动现场测试规程》(GB/T 17189—2017)、《旋转电机噪声测定方法及限值 第1部分:旋转电机噪声测定方法》(GB/T 10069.1—2006)、《无损检测 超声测厚》(GB/T 11344—2021)、《焊缝无损检测 超声检测 验收等级》(GB/T 29712—2013)、《小型水电站现场效率试验规程》(SL 555—2012)
32	发电机的机械部分	发电机振动、主轴摆度、轴承温度、噪声	每台发电机作为1个检测单元	《水利工程质量检测技术规程》(SL 734—2016)、《水力机械(水轮机、蓄能泵、和水泵水轮机)振动和脉动现场测试规程》(GB/T 17189—2017)、《旋转电机噪声测定方法及限值 第1部分:旋转电机噪声测定方法》(GB/T 10069.1—2006)
33	发电机的电气部分	绝缘电阻、直流电阻、交流耐压、定子绕组直流耐压及泄漏电流、定子绕组吸收比或极化指数、轴电压、空载特性、温升等	每台发电机作为1个检测单元	《水利工程质量检测技术规程》(SL 734—2016)、相关《现场绝缘试验实施导则》、《电力设备预防性试验规程》(DL/T 596—2021)、《电气装置安装工程电气设备交接试验标准》(GB 50150—2016)

续表

	产品名称	主要检测参数	检测频次	引用标准
34	水轮机附属设备	调速系统、主阀关闭严密性、伸缩节漏水量	每台调速系统、主阀和伸缩节各为1个检测单元	《水利工程质量检测技术规程》(SL 734—2016)、《水轮机调速系统试验》(GB/T 9652.2—2019)、《水利水电工程单元工程施工质量验收评定标准——水轮发电机组安装工程》(SL 636—2012)
35	高压电气设备	断路器、互感器、气体绝缘开关设备、隔离开关、套管、绝缘子、电力电缆线路、电容器、避雷器、绝缘油和六氟化硫气体、接地装置、电气设备配电装置安全净距	每台(套)设备为1个检测单元	《水利工程质量检测技术规程》(SL 734—2016)、《水利水电工程高压配电装置设计规范》(SL 311—2004)、《电气装置安装工程电气设备交接试验标准》(GB 50150—2016)
36	电气二次设备	计算机监控系统、继电保护系统、直流系统、同步系统、辅机及公用设备控制系统、工业电视系统、通信系统	每套系统为1个检测单元	《水利工程质量检测技术规程》(SL 734—2016)、《水电厂计算机监控系统试验验收规程》(DL/T 822—2012)、《电力工程直流电源系统设计技术规程》(DL/T 5044—2014)、《水力发电厂工业电视系统设计规范》(NB/T 35002—2011)、《水力发电厂自动化设计技术规范》(NB/T 35004—2013)、《水力发电厂继电保护设计规范》(NB/T 35010—2013)、《水利系统通信工程验收规程》(SL 439—2009)

续表

	产品名称	主要检测参数	检测频次	引用标准
37	水轮发电机综合性能	性能验收试验、启动试验	每整台（套）水轮发电机为1个检测单元	《水利工程质量检测技术规程》（SL 734—2016）、《水轮机、蓄能泵和水泵水轮机水力性能现场验收试验规程》（GB/T 20043—2005）、《水轮发电机组启动试验规程》（DL/T 507—2014）、《灯泡贯流式水轮发电机组启动试验规程》（DL/T 827—2014）、《可逆式抽水蓄能机组启动试运行规程》（GB/T 18482—2010）
38	泵站主水泵	振动、噪声、转速、效率、压力脉动、具有形状和位置公差要求的几何量、缺陷、叶片调节结构的灵活度、回复杆的行程以及调节装置的渗漏	每台水泵为1个检测单元	《水利工程质量检测技术规程》（SL 734—2016）、《泵的振动测量与评价方法》（GB/T 29531—2013）、《泵的噪声测量与评价方法》（GB/T 29529—2013）、《回转动力泵　水力性能验收试验 1级、2级和3级》（GB/T 3216—2016）、《产品几何技术规范（GPS）几何公差　检测与验证》（GB/T 1958—2017）、《水力机械（水轮机、蓄能泵、和水泵水轮机）振动和脉动现场测试规程》（GB/T 17189—2017）、《铸钢铸铁件　渗透检测》（GB/T 9443—2019）、《泵站设备安装及验收规范》（SL 317—2015）

续表

	产品名称	主要检测参数	检测频次	引用标准
39	泵站主电动机的机械部分	振动、气隙、具有形状和位置公差要求的几何量、曲线、	每台主电动机为1个检测单元	《水利工程质量检测技术规程》(SL 734—2016)、《轴中心高为56 mm及以上电机的机械振动振动的测量、评定及限值》(GB/T 10068—2020)、《产品几何技术规范(GPS)　几何公差　检测与验证》(GB/T 1958—2017)、《铸钢铸铁件　渗透检测》(GB/T 9443—2019)、《泵站设备安装及验收规范》(SL 317—2015)
40	泵站主电动机的电气部分	绝缘电阻、直流电阻、交流耐压性能、直流耐压性能、泄漏电流、吸收比	每台主电动机为1个检测单元	《水利工程质量检测技术规程》(SL 734—2016)、《泵站现场测试与安全检测规程》(SL 548—2012)、《泵站设备安装及验收规范》(SL 317—2015)
41	泵站传动装置	振动、联轴器的同轴度、具有形状和位置公差要求的几何量、齿轮箱漏油、缺陷	每套传动装置为1个检测单元	《泵的振动测量与评价方法》(GB/T 29531—2013)、《产品几何技术规范(GPS) 几何公差 检测与验证》(GB/T 1958—2017)、《铸钢铸铁件　渗透检测》(GB/T 9443—2019)、《泵站设备安装及验收规范》(SL 317—2015)、《风机、压缩机、泵安装工程施工及验收规范》(GB 50275—2010)
42	泵站电气设备	电力变压器、高压开关设备、低压电器、电力电缆、接地装置	每台(套)电气设备或装置为1个检测单元，每根独立的电力电缆为1个检测单元	《水利工程质量检测技术规程》(SL 734—2016)、《泵站现场测试与安全检测规程》(SL 548—2012)、《电气装置安装工程电气设备交接试验标准》(GB 50150—2016)

续表

	产品名称	主要检测参数	检测频次	引用标准
43	泵站电气二次设备	计算机监控系统、继电保护系统、直流系统、辅机设备控制系统、视频监视系统、通信系统	每台（套）独立的电气二次设备为1个检测单元	《水利工程质量检测技术规程》（SL 734—2016）、《电气装置安装工程　电力变流设备施工及验收规范》（GB 50255—2014）、《电气装置安装工程　蓄电池施工及验收规范》（GB 50172—2012）、《水力发电厂自动化设计技术规范》（NB/T 35004—2013）、《水力发电厂继电保护设计规范》（NB/T 35010—2013）、《水利系统通信工程验收规程》（SL 439—2009）
44	水泵机组综合性能	流量、扬程、转速、输入功率、装置效率	每台（套）水泵机组为1个检测单元	《水利工程质量检测技术规程》（SL 734—2016）、《泵站现场测试与安全检测规程》（SL 548—2012）
45	挡水建筑物	高程、轴线坐标	高程测点应按长度布置，长度小于500 m时，按20～50 m布置1个测点，500～1000 m时，按50～100 m布置1个测点，大于1000 m时，按100～150 m布置1个测点	《水利工程质量检测技术规程》（SL 734—2016）、《水利水电工程施工测量规范》（SL 52—2015）、《水利水电工程施工质量检验与评定规程》（SL 176—2007）

续表

	产品名称	主要检测参数	检测频次	引用标准
45	挡水建筑物	宽度及坡比	宽度及坡比按断面布置，坝长小于500 m时，按50～100 m布置1个断面，坝长500～1000 m时，按100～200 m布置1个断面，总断面不少于3个，坝长大于1000 m时，按200～300 m布置1个断面，总断面不少于5个	《水利工程质量检测技术规程》(SL 734—2016)、《水利水电工程施工测量规范》(SL 52—2015)、《水利水电工程施工质量检验与评定规程》(SL 176—2007)
		长度及轴线坐标	两端起始点和转折点	
46	泄洪建筑物	高程	每部位顶高程测点不少于10个	《水利工程质量检测技术规程》(SL 734—2016)、《水利水电工程施工测量规范》(SL 52—2015)、《水利水电工程施工质量检验与评定规程》(SL 176—2007)
		几何尺寸(长度、高度、宽度)	长度每部位不少于10个测点；进口段宽度、墙厚布置2～3个断面，消力池底板长度宽度各布置5～10个断面；陡坡宽度及墙高各布置3～5个断面	
		坡度	坡度每10～50 m布置1～3个断面，总测点不少于10个	
47	堤防、渠道、河道疏浚	高程	高程测点按长度布置，小于等于1000 m的应按小于100 m布置1个测点，大于1000 m的按100～300布置1个测点，总测点不少于10个	《水利工程质量检测技术规程》(SL 734—2016)、《水利水电工程施工测量规范》(SL 52—2015)、《水利水电工程施工质量检验与评定规程》(SL 176—2007)
		长度和轴线坐标	沿轴线布置在两端起点和转折点	

续表

	产品名称	主要检测参数	检测频次	引用标准
47	堤防、渠道、河道疏浚	断面尺寸	长度不大于500 m的按50～100 m布置1个断面，长度500～1000 m的按100～200 m布置1个断面，长度大于1000 m的按500～800 m布置1个断面，总断面不少于5个，宽度和坡度有变化的，应增加1个断面	《水利工程质量检测技术规程》（SL 734—2016）、《水利水电工程施工测量规范》（SL 52—2015）、《水利水电工程施工质量检验与评定规程》（SL 176—2007）
		纵坡	按长度布置，每500～1000 m布置1～3个测点，总测点不少于10个	
48	水闸、渡槽涵管、倒虹吸	高程	按长度布置，每100～300 m布置1～3个测点，总测点不少于10个；倒虹吸底部高程测点在进出口分别布置3个	《水利工程质量检测技术规程》（SL 734—2016）、《水利水电工程施工测量规范》（SL 52—2015）、《水利水电工程施工质量检验与评定规程》（SL 176—2007）
		高度、宽度	按断面布置，长度小于等于500 m，应布置1个断面，长度大于500 m，应按200～300 m布置1个断面，进出口应分别布置1个断面，总断面不少于5个，单孔水闸宽度布置2～3个断面	
		长度、轴线坐标	两端起点和转折点	

续表

	产品名称	主要检测参数	检测频次	引用标准
49	电站、泵站厂房	高程	地面高程按每 10 m^2 布置 1 个测点，总测点不少于 10 个，机组安装高程每台机组布置 1～3 个测点	《水利工程质量检测技术规程》(SL 734—2016)、《水利水电工程施工测量规范》(SL 52—2015)、《水利水电工程施工质量检验与评定规程》(SL 176—2007)
		长度、宽度、高度	分别按断面布置，总断面不少于 3 个	
50	一般建(构)筑物	高程	不少于 2～3 个测点	《水利工程质量检测技术规程》(SL 734—2016)、《水利水电工程施工测量规范》(SL 52—2015)、《水利水电工程施工质量检验与评定规程》(SL 176—2007)
		长度、宽度、高度	分别按断面布置，总断面不少于 3 个	

注：1.表中所列主要检测参数应根据设计和具体类别部位区分选择，未列的检验项目详见相关标准规范要求。

2.检验批不足检验批量数时，按一个检验批进行检验。

3.国家及行业颁布新规程规范及技术标准，则按新规程规范及技术标准执行。

第5章　监理单位平行检测要求

5.1　委托检测合同

参见本指南4.1条的内容。

5.2　平行检测计划、检测台账及不合格台账

参见本指南4.2条的内容。

5.3　检测项目及频次要求

按照《水利工程施工监理规范》(SL 288—2014)要求，监理单位跟踪检测应符合下列规定：

(1)跟踪检测的项目和数量(比例)应在监理合同中约定。其中，混凝土试样应不少于承包人检测数量的7%，土方试样应不少于承包人检测数量的10%。施工过程中，监理机构可根据工程质量控制工作需要和施工质量状况等确定跟踪检测的频次分布，但应对所有见证取样进行跟踪。

(2)平行检测的项目和数量(比例)应在监理合同中约定。其中，混凝土试样应不少于承包人检测数量的3%，重要部位每种标号的混凝土至少取样1组；土方试样应不少于承包人检测数量的5%，重要部位至少取样3组。施工过程中，监理机构可根据工程质量控制工作需要和工程质量状况等确定平行检测的频次分布。根据施工质量情况需要增加平行检测项目、数量时，

监理机构可向发包人提出建议，经发包人同意增加的平行检测费用由发包人承担。

(3)当平行检测试验结果与承包人的自检试验结果不一致时，监理机构应组织承包人及有关各方进行原因分析，提出处理意见。

第6章　项目法人委托检测要求

项目法人委托检测是项目法人为管理和控制工程质量，在施工单位检测、监理单位检测的基础上，委托有相应资质的检测单位对工程质量所进行的检测。

6.1　基本要求

（1）检测单位应当在技术能力和资质规定范围内开展检测工作，对检测行为、检测数据、检测成果及结论负责，对出具的检测报告的真实性、准确性承担相应法律责任，但不承担勘测、设计、施工、监理、材料及设备供应（制造）等单位的质量管理责任。

（2）水利工程建设项目法人委托质量检测应独立于施工自检、监理平行检测，不受任何可能干扰其技术判断因素的影响。检测单位不得与所检工程项目相关的工程建设、施工、监理以及建筑材料、建筑构配件和设备供应（制造）等单位有隶属关系或其他利害关系。

（3）检测单位应当深入施工现场，在了解工程审批及建设情况、收集有关资料的基础上，依据有关规范要求和合同约定，编制《水利工程建设项目质量检测方案》并报项目法人核准，由项目法人报质量监督机构核备。

（4）水利工程质量检测活动实行施工过程抽检。检测项目依据工程建设类别进行确认，包括但不限于重要隐蔽工程、河（渠）道断面尺寸、建筑物几何尺寸、外观质量和实体质量、建筑材料、构配件和设备安装质量复核等。

（5）工程项目的检测负责人应具有中级及以上专业技术职务，并满足工程的检测需要。

（6）检测费用应按照《山东省水利工程建设项目质量检测管理办法》进行

取费，由项目法人列支，一般按照建筑安装工程费的 0.5%～1%计取。

6.2　第三方检测实施准备工作

6.2.1　检测单位准备工作

(1)检测单位应积极配合协商签订质量检测合同。

(2)检测单位在收到全套的设计文件及工程量清单后，应在 7 个工作日内完成相关技术标准的汇总查新及检测方案的编制工作，并报项目法人审批。

(3)检测方案应具有可操作性和执行性，至少包括工程概况、检测目的、检测项目和数量、检测依据、检测方式方法、检测人员和设备投入、检测计划实施、成果提交方式、不合格部位或样品的解决措施等内容。

6.2.2　项目法人准备工作

(1)项目法人确定检测单位后，应及时审查复核检测单位资质情况，并按照招标要求或双方约定签订检测合同。

(2)签订检测合同后，项目法人应及时向检测单位提供完整的建筑安装工程全套设计文件及工程量清单。

(3)项目法人需指定现场检测工作联络人，负责协调检测单位工程现场检测工作，督促不合格部位或样品的整改落实等。

(4)负责对检测单位编制的检测方案进行核准，并报项目质量监督单位核备。

(5)项目法人应将检测方案发送至施工单位及监理单位，并组织检测技术交底工作，敦促施工单位做好检测的配合工作。

6.3　抽样及现场检测

6.3.1　检测程序控制要求

(1)项目法人应督促协调检测单位根据施工进度和检测工作计划适时开展检测工作。

(2)检测单位检测前，应先对建筑物外观、金属结构和机电设备的完好性进行检查，对存在的缺陷进行记录。针对混凝土裂缝缺陷，应对其缝长、缝宽、缝深等进行定量检测；针对混凝土其他外观质量缺陷，应对缺陷的面积进行测量，并按《水利水电工程单元工程施工质量验收评定标准——混凝土工程》(SL 632—2012)中外观质量检查标准的要求进行评定处理。

(3)工程施工过程中，检测单位应及时提交相应的中间检测成果。阶段验收前的检测、竣工验收前的检测结束后10个工作日内，检测单位应分别出具阶段验收检测报告、竣工验收检测报告。

(4)项目法人应对检测单位提交的检测成果、检测报告进行确认。阶段验收前和竣工验收前，项目法人应将经确认的检测报告报送质量监督机构备案。

6.3.2 抽样控制要求

(1)现场抽样应由两名人员完成，填写见证取样单，并有见证人员签字(见证单位可以是项目法人、代建单位或监理单位，也可以是项目法人指定的单位或人员)。

(2)样品信息应具有可追溯性，应标明样品规格型号、生产厂家、代表数量、代表批次、代表部位等信息。

(3)样品的抽取、运输及流转应符合规范要求，并有相应的流转记录。

(4)现场检测项目抽检的部位应征得项目法人同意或由项目法人指定，当未指定时可主要对重要结构部位、施工过程中存在不利因素或出现意外的怀疑有问题的部位、运行环境条件复杂的部位进行抽检。

6.3.3 抽检项目及频次

根据《水利水电工程施工质量检验与评定规程》(SL 176—2007)及《山东省水利工程建设项目质量检测管理办法》要求，为避免不合格产品或存在质量隐患的工程交付使用，抽检的项目及频次应按照招标文件或合同要求执行。如无明确约定，参照《水利工程质量检测技术规程》(SL 734—2016)附录A要求，原材料检测数量为施工单位的1/10～1/5，中间产品、构(部)件检测数量为施工单位检测数量的1/20～1/10。在此按照原材料、岩土、混凝土、金属结构、机械电气、其他工程六部分进行归类在此汇总。

(1)原材料检测。原材料检测主要是对项目法人或施工单位采购进场的原材料及重要构配件的主要关键材料进行抽检,具体详见表6.1。

表6.1 原材料检测项目及抽检频次表

	常规检测项目	抽检频次
水泥	细度(比表面积)、凝结时间、安定性、抗压(折)强度	施工单位的1/10
粗、细骨料	含泥量(石粉含量)、泥块含量、表观密度、细度模数、坚固性、超逊径含量、颗粒级配	施工单位的1/10
掺和料	细度、烧失量、需水量比、三氧化硫、含水量	施工单位的1/10
外加剂	密度、pH、减水率、含气量、抗压强度比	施工单位的1/10
土工合成材料	断裂强力、断裂伸长率、CBR(加州承载比)顶破强力、等效孔径、垂直渗透系数、撕破强力、接头接缝断裂强度	施工单位的1/10
止水材料	硬度(邵氏A)、拉伸强度、扯断伸长率、压缩永久变形、撕裂强度、热空气老化	施工单位的1/10
闭孔泡沫板	表观密度、压缩强度、拉伸强度、断裂伸长率	施工单位的1/10
钢筋原材	尺寸及重量偏差、下屈服强度、抗拉强度、冷弯、伸长率	施工单位的1/10
橡胶坝坝袋	胶布经纬向拉伸强度、纬向布幅间搭接强度、经纬向拉伸强度的耐热空气老化、胶布经向及纬向的拉伸强度的耐水老化	施工单位的1/10
塑料管材	壁厚、管径、静液压试验、环刚度、维卡软化温度、断裂伸长率	施工单位的1/10

注:其他未注明产品及检测项目,应按相应标准要求进行。

(2)岩土类工程。检测范围宜包括钻孔灌注桩、水泥土搅拌桩、防渗墙、锚杆填筑压实、砌石质量等内容,检测项目参数及频次详见表6.2。

表 6.2　岩土类工程检测项目及抽检频次表

结构部位	主要检测项目	抽检频次
灌浆	透水率	施工单位检测的 1/20，至少抽查 3 个检查孔
防渗墙	渗透系数	每 2000 m 至少 1 个测点
	搭接质量、墙体宽度	每 2000 m 抽查 1 处
	墙体完整性（连续性）	抽检比例不少于总数的 10%，不宜少于 100 m
基桩	桩长、桩身完整性	抽检比例不少于总数的 5%
	载荷试验	见证（复核）施工自检
锚杆、锚筋桩	入孔长度、注浆饱满度	抽检比例不少于施工自检的 10%
	拉拔力	
喷射混凝土	抗压强度	每 2000 m^2 抽检 1 组
	厚度	每 1000 m^2 抽检 1 个测点
	与围岩黏结强度	
堤防、渠道、土石坝	压实度/相对密度	每 2000 m 抽取 1 个断面，每个断面不少于 2 层，每层不少于 3 组，土石坝筑堤可按施工自检的 5% 进行抽检
	断面尺寸	每 2000 m 至少 1 个断面
砌石工程	砌体砂浆抗压强度	每个单位工程至少抽检 1 个部位
	外观质量	每个单位工程至少抽检 2 个部位
	砌石厚度	每 500 m 至少 1 个断面，每断面至少 3 个点
	垫层厚度	
	坡度	每 2000 m 至少 1 个断面

注：其他未注明检测项目，应按相应国家标准要求进行。

（3）混凝土类工程。检测范围宜包括混凝土拌和物、抗压强度、抗冻抗渗、结构尺寸、钢筋位置、外观质量等内容，检测项目参数及频次详见表 6.3。

表 6.3　混凝土类工程检测项目及抽检频次表

结构部位	主要检测项目	抽检频次
拌和物质量	坍落度	每单位工程至少抽检 1 次
	含气量	
混凝土坝	回弹法或钻芯法检测混凝土抗压强度	至少抽查 5%构件部位
	结构尺寸	
	钢筋保护层厚度	
	外观质量	
	接缝止水	
	面板脱空	
混凝土管、涵、倒虹吸	回弹法检测混凝土抗压强度	至少抽查 5%构件部位
	结构尺寸	
	钢筋保护层厚度	
	外观质量	
	接缝止水	
水闸、电站、泵站、渡槽	回弹法或钻芯法检测混凝土抗压强度	至少抽查 5%构件部位
	结构尺寸	
	钢筋保护层厚度	
	外观质量	
渠道衬砌	回弹法或钻芯法检测混凝土抗压强度	至少抽查 5%构件部位
	衬砌厚度	按衬砌长度每 2000 m 至少抽查 1 个断面，每断面不少于 3 点次

续表

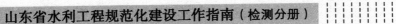

结构部位	主要检测项目	抽检频次
渠道衬砌	钢筋保护层厚度	按衬砌长度每 2000 m 至少抽查 1 个断面，每断面不少于 3 部位
	抗冻性能	每个工程至少抽检 1 组
	抗渗性能	

注：其他未注明检测项目，应按相应国家标准要求进行。

(4)金属结构类工程。检测范围宜包括钢闸门、铸铁闸门、卷扬式启闭机、螺杆式启闭机、液压式启闭机、移动式启闭机、拦污栅、压力钢管等内容，检测项目参数及频次详见见表 6.4。

表 6.4　金属结构类工程检测项目及抽检频次表

结构部位	主要检测项目	抽检频次
钢材	抗拉强度、弯曲试验	施工单位的 1/20～1/10，每种工艺至少抽检 1 组
钢闸门	制造质量：钢板厚度、焊缝质量、涂层厚度及附着力、闸门门叶几何尺寸	至少抽检总数的 20%，不少于 2 孔
	安装质量：闸门启闭运行试验、闸门透光试验等	
铸铁闸门	面板厚度、涂层质量、门叶尺寸、密封面间隙、试运行等	至少抽检总数的 20%，不少于 2 孔
固定卷扬式启闭机	开式齿轮齿面硬度、钢丝绳内外部质量、钢丝绳缠绕检查、启闭机机座尺寸、防腐质量、启闭机运行试验等	至少抽检总数的 20%，不少于 2 台(套)

续表

结构部位	主要检测项目	抽检频次
螺杆式启闭机	螺杆直线度、垂直度、螺纹表面粗糙度、蜗杆齿面硬度、试运行试验等	至少抽检总数的20%,不少于2台(套)
液压式启闭机	活塞杆表面硬度、表面粗糙度、镀层厚度、工作行程、沉降性试验等	至少抽检总数的20%,不少于2台(套)
拦污栅	焊缝质量、防腐质量、栅体和栅条间距尺寸	至少抽检总数的20%,不少于2套
耙斗式清污机	空载试验、负荷试验	至少抽检总数的20%,不少于2套
回转式清污机	空载运行试验、静载试验	至少抽检总数的20%,不少于2套
钢管	壁厚、结构尺寸、安装质量、焊缝质量、防腐质量、水压试验	至少抽检总数的10%

注:其他未注明检测项目,应按相应国家标准要求进行。

(5)机械电气类工程。检测范围宜包括水泵、低压开关柜、电动机、线路绝缘电阻、接地电阻等内容,检测项目参数及频次详见表6.5。

表6.5　机械电气类工程检测项目及抽检频次表

结构部位	主要检测项目	抽检频次
低压开关柜	继电保护器(时间、电流、电压)、接触器(外观质量、绝缘电阻)、断路器(外观质量、绝缘电阻)、电气间隙、爬电距离等	至少抽查1台(套)
传感器和开度仪	外观质量、位移、行程、温度、压力、荷载及闸门开度	至少抽查1台(套)

续表

结构部位	主要检测项目	抽检频次
水轮机	振动、主轴摆度、压力脉动、转速、导叶漏水量、噪声、焊缝质量、变形、水轮机出力、止漏环间隙、转轮几何尺寸等	至少抽查 1 台(套)
发电机	机械部分:振动、主轴摆度、轴承温度、噪声	至少抽查 1 台(套)
	电气部分:绝缘电阻、直流电阻、交流耐压、相序、轴电压、温升等	
励磁系统	绝缘和耐压试验	至少抽查 1 台(套)
高压电气设备	接地网电气完整性、接地阻抗、电气设备配电装置安全净距等	至少抽查 1 台(套)
电气二次设备	监控系统、继电保护系统、直流系统、同步系统、辅机及公用设备控制系统、工业电视系统及通信系统等	至少抽查 1 套系统
水轮发电机综合性能	性能验收试验	至少抽查 1 台(套)
	启动试验	
泵站主水泵	流量、扬程(条件允许时)	至少抽查 1 台(套)
	振动、噪声、转速、效率等	
泵站主电动机	机械部分:振动、气隙等	至少抽查 1 台(套)
	电气部分:绝缘电阻、直流电阻、直流耐压性能、交流耐压性能、定子绕组极性及连接正确性、空载转动检查和三相电流不平衡度等	

续表

结构部位	主要检测项目	抽检频次
泵站传动装置	振动、联轴器同轴度、齿轮箱漏油、缺陷等	至少抽查 1 台(套)
泵站电气设备	复核电力变压器、高压开关设备、低压电器、电力电缆,检测接地装置的完整性和有效性	至少抽查 1 台(套)
泵站电气二次设备	复核计算机监控系统、继电保护系统、直流系统、辅机设备控制系统、视频监控系统及通信系统等	至少抽查 1 套系统
水泵机组综合性能	流量、扬程、转速、输入功率、装置效率等	至少抽查 1 台(套)

注:其他未注明检测项目,应按相应国家标准要求进行。

(6)其他工程。桥梁工程:检测范围宜包括桥梁下部结构、桥梁上部结构及桥面系等内容。道路工程:检测范围宜包括路面底基层、基层、面层等内容。房建工程:检测范围宜包括地基基础、混凝土结构、防雷接地等内容。检测项目参数及频次详见表 6.6。

表 6.6　其他工程检测项目及抽检频次表

工程类别	主要检测项目		抽检频次
桥梁工程	原材料质量、桩身完整性、混凝土抗压强度、断面结构尺寸、橡胶支座安装质量等		桩身完整性按总桩数的 20% 抽检,其他项目每座桥梁至少抽检 1 次
道路工程	底基层和基层	压实度、宽度、厚度、平整度	每 2000 m 抽检 1 个断面
	面层	抗压强度、宽度、厚度、平整度、横坡	

续表

工程类别	主要检测项目		抽检频次
房建工程	混凝土结构	抗压强度、钢筋保护层、结构尺寸、柱垂直度等	每座建筑物每层至少抽检1构件
	防雷与接地	接地电阻、接闪器引下线安装、避雷针与避雷带安装质量	每座建筑物至少抽检1处

注:其他未注明检测项目,应按相应行业标准要求进行。

6.4 检测成果

6.4.1 检测结果反馈

(1)检测机构应将存在的工程质量与安全问题、可能形成质量隐患或影响工程正常运行的检测结果以及检测过程中发现的项目法人、勘测设计单位、施工单位、监理单位违反法律、法规和强制性标准的情况,及时报告委托方、质量监督机构或具有管辖权的水行政主管部门,由项目法人组织整改。检测单位应当对整改后的工程质量进行复检,直到验收合格为止,并在检测报告中对质量处理情况进行专项说明。

(2)检测单位应以书面形式通报项目法人单位,由项目法人负责督促相关责任单位对问题进行落实整改,将问题资料闭合。反馈格式详见附录E.11。

(3)需要对整改部位进行复检的,复检费用由相关责任方承担。

6.4.2 检测报告

(1)工程质量检测结束后,应根据合同要求出具相应阶段的《检验检测报告》。检测成果、检测报告应对检测项目是否符合设计和规范要求作出明确结论。

(2)检测报告应当包括以下主要内容:工程概况、任务委托、检测依据、检

测内容、检测方法、检测设备及检测数量、检测成果、检测结论等。报告格式应符合《水利工程质量检测管理规范》(DB37/T 4371—2021)要求。

6.4.3 检测结果分析应用

(1)项目法人应结合检测机构提交的中间检测成果对工程质量进行动态控制管理。

(2)项目法人应结合检测机构提交的中间检测成果和阶段验收检测报告进行相应的验收质量等级认定。

(3)质量监督机构应结合阶段验收检测报告和竣工验收检测报告进行工程质量核备。

(4)检测机构应不断汇总工程检测结果数据,进行整理总结,为工程质量的改进提高提供技术支撑和合理化建议。

6.5 质量缺陷及质量事故处理后检测

工程质量事故应按照《水利工程质量事故处理暂行规定》(水利部令第9号)要求,由项目法人组织有关单位制定处理方案,需要设计变更的,由原设计单位或有资质的设计单位提出设计变更方案。

质量缺陷或质量事故处理完成后应由项目法人委托具有相应资质等级的工程质量检测单位,按照设计要求或事故处理方案的质量标准,进行检测并重新进行工程质量评定。

第7章　竣工验收检测要求

(1)根据竣工验收的需要,竣工验收主持单位可以委托具有相应资质的质量检测单位对工程质量进行抽样检测。检测机构资质能力应符合本指南2.1条、2.2条要求。项目法人应与工程质量检测单位签订工程质量检测合同,检测所需费用由项目法人列支,质量不合格工程所发生的检测费用由责任单位承担。

(2)工程质量检测单位不应与参与工程建设的项目法人、设计、监理、施工、设备制造(供应)商等单位隶属于同一经营实体。

(3)根据竣工验收主持单位的要求和项目的具体情况,项目法人应负责提出工程质量抽样检测的项目、内容和数量,经质量监督机构审核后报竣工验收主持单位核定。堤防工程质量抽检要求见表7.1。

表7.1　堤防工程质量抽检要求

序号	施工项目	主要抽检内容	抽检要求
1	土料填筑工程	干密度和外观尺寸	每2000 m堤长至少抽检1个断面;每个断面至少抽检2层,每层不少于3个点,且不得在堤防顶层取样;每个单位工程抽检样本点总数不得少于20个
2	干(浆)砌石工程	厚度、密实程度和平整度,必要时应拍摄图像资料	每2000 m堤长至少抽检3个点;每个单位工程至少抽检3个点

续表

序号	施工项目	主要抽检内容	抽检要求
3	混凝土预制块砌筑工程	预制块厚度、平整度和缝宽	每2000 m堤长至少抽检1组，每组3个点；每个单位工程至少抽检1组
4	垫层工程	垫层厚度及垫层铺设情况	每2000 m堤长至少抽检3个点；每个单位工程至少抽检3个点
5	堤脚防护工程	断面复核	每2000 m堤长至少抽检3个断面；每个单位工程至少抽检3个断面
6	混凝土防洪墙和护坡工程	混凝土抗压强度	每2000 m堤长至少抽检1组，每组3个点；每个单位工程至少抽检1组
7	堤身截渗、堤基处理及其他工程	开挖检查、渗透系数、防渗墙完整性等	需质量监督根据项目特点提出方案报项目主管部门批准后实施

(4)工程质量检测单位应根据工程实施内容按照有关技术标准对工程进行质量检测，按合同要求及时提出质量检测报告并对检测结论负责。项目法人应自收到检测报告10个工作日内将检测报告报竣工验收主持单位。

(5)对抽样检测中发现的质量问题，项目法人应及时组织有关单位研究处理。在影响工程安全运行以及使用功能的质量问题未处理完毕前，不应进行竣工验收。

第8章　工程质量监督检测要求

(1)依据《水利部办公厅关于印发水利建设工程质量监督工作清单的通知》(水利部办监督〔2019〕211号)要求,质量监督应根据工程建设情况和监督工作需要,委托符合资质要求的检测机构开展质量抽样检测。检测机构资质能力应符合本指南2.1条、2.2条要求。设立工地现场试验室的,还应符合本指南2.3条要求。

(2)质量监督检测重点针对主体工程或影响工程结构安全的部位的原材料、中间产品和工程实体开展质量抽样检测。

(3)根据工程建设进展情况,监督检测在主体工程施工期间原则上一年不少于1次。

(4)检测机构应根据工程概况和进展情况,编制检测工作计划(包括但不限于检测的时间、检测参与人员、检测的项目及数量、检测的工作流程以及检测问题的反馈等)并报质量监督机构审核。

(5)每次检测完成后,应按照质量监督部门的要求出具书面水利工程质量与安全监督检查报告,报告中应明确现场发现的质量问题、部位等内容。

(6)必要时,检测单位需对相关问题整改报告进行复核认证。

附　录

附录 A　常用原材料及中间产品取样要求

A.1　水泥

取样要有代表性，一般从 20 袋（袋装水泥）取等量样品，总数不少于 12 kg。散装水泥采用取样器随机取样，通过转动取样器内管控制开关，在适当位置插入水泥一定深度，关闭后小心抽出，放入容器中。每次抽取的单样量应尽量一致，总量不少于 12 kg。

将水泥拌匀后分成 2 份，1 份 6 kg 用水泥桶装后送试验室进行检验，1 份密封包存以备校验。

A.2　细骨料

在料堆上取样时，取样部位应均匀分布，取样前先将取样部位的表层铲除，然后从不同部位抽取大致等量的砂 8 份，组成一组样品，一般不少于 40 kg。

A.3　粗骨料

在料堆上取样时，取样部位应均匀分布，取样前先将取样部位的表层铲除，然后从不同部位抽取大致等量的石子 16 份，组成一组样品，一般不少于 80 kg。

A.4 掺和料

粉煤灰掺和料以连续供应 200 t 为一批(不足 200 t 按一批计),硅粉以连续供应 20 t 为一批(不足 20 t 按一批计),氧化镁以 60 t 为一批(不足 60 t 按一批计)。可连续取样,也可从 10 个以上不同部位抽取试样,取样数量不少于 3 kg。

A.5 钢筋原材

钢筋原材检验项目、取样方法、数量参考表见附表 A.1。

附表 A.1 钢筋原材检验项目、取样方法、数量参考表

材料名称	检验项目	取样方法及长度	每批取样数量		
			拉伸	弯曲	重量偏差
热轧光圆钢筋	重量偏差、下屈服强度、抗拉强度、反向弯曲、最大力总延伸率	每盘(根)去掉端部 500 mm 后任选 2 根再截取试样,每根截取 1 段拉伸试样、1 段弯曲试样,拉伸试件长约 500 mm,冷弯试件长约 300 mm,重量偏差应从不同根钢筋上截取,每段试样长度不小于 500 mm	2 根	2 根	不少于 5 根
热轧带肋钢筋					
余热处理钢筋					
低碳热轧圆盘条	重量偏差、拉伸试验(抗拉强度、断后伸长率)、弯曲试验	任选 2 盘去掉端部 500 mm 截取试样,其中 1 盘截取 1 根拉伸试样、1 段弯曲试样,另 1 盘截取 1 段弯曲试样。拉伸试样长约 500 mm,弯曲试样长约 200 mm。重量偏差应从不同根钢筋上截取,每段试样长度不小于 500 m	1 根	2 根	不少于 5 根

续表

材料名称	检验项目	取样方法及长度	每批取样数量		
			拉伸	弯曲	重量偏差
碳素结构钢	屈服强度、抗拉强度、断后伸长率、弯曲试验、冲击	取样位置应符合GB/T 2975—2018《钢及钢产品力学性能试验取样位置及试样制备》要求，拉伸试样长约500 mm，冷弯试样长约200 mm	1根	1根	不少于5根
冷轧带肋钢筋	重量偏差、拉伸试验（塑性延伸强度、抗拉强度、断后伸长率、最大力延伸率）、弯曲试验	每盘（批）中随机切取	1根	2根	不少于5根

注：1.进场钢材的检测一般包括表中项目（不含预应力筋），按设计要求确定。
2.先检重量偏差指标，合格后再进行其他指标检测。
3.牌号带E的钢筋，除表中指标外还要检测强屈比、超屈比两个指标。

A.6　钢筋连接试样

钢筋连接试样检验项目、取样方法、数量参考表见附表A.2。

附表A.2　钢筋连接试样检验项目、取样方法、数量参考表

材料名称	检测项目	取样方式	取样数量
搭接焊、帮条焊、电渣压力焊	拉伸强度	随机取样	取3个接头，长约500 mm
闪光对焊	拉伸强度弯曲试验	随机取样	取6个接头为1组，3个接头拉伸试验，长约500 mm；3个接头进行弯曲试验，长约300 mm
机械连接	拉伸强度	随机取样	取3个接头，长约500 mm

A.7 外加剂

可连续取样，也可从 20 个以上不同部位抽取等量试样，试样混合均匀。液体外加剂取样应注意先混合均匀，然后从容器的上、中、下三层分别取样，并将样品均匀混合。

取样数量：减水剂、引气减水剂、引气剂每一批号取样数量不少于 0.2 t 水泥所需用量；防冻剂不少于 0.15 t 水泥所需用量（以其最大掺量计）。

A.8 混凝土拌和用水

A.8.1 取样数量

水质分析用水样不得少于 5 L，用于测定水泥凝结时间和胶砂强度的水样不应少于 3 L。

A.8.2 取样要求

采集水样的容器应无污染；容器应待采集水样冲洗三次后再灌装，并应密封待用。

地表水宜在水域中心部位、距离水面 100 mm 以下采集，并应记载季节、气候、雨量和周边环境的情况。

地下水应放在冲洗管道后接取，或直接用容器采集；不得将地下水积存于地表后再从中采集。

再生水应在取水管道终端接取。

混凝土企业设备洗刷水应沉淀后，在池中距水面 100 mm 以下采集。

A.9 橡胶止水带

同一品种、同规格 5000 m 为一批（不足 5000 m 按一批计），随机抽取三卷进行规格尺寸和外观质量检验，从检验合格后的产品中随机抽取全幅长1 m的片材 2 片进行试验。

A.10 橡胶坝坝袋

剪取面积约 2 m^2的样品带回试验室裁样进行试验。

A.11 土工合成材料

测试样品及试样数量的参考表见附表 A.3。

附表 A.3 测试样品及试样数量的参考表

试验项目	参考标准	样品长度[a](m)	所需试样数量[b]
厚度	GB/T 13761.1—2009	1	10
单位面积质量	GB/T 13762—2009	1	10
拉伸性能	GB/T 15788—2017	2	10
抗静态顶破性能	GB/T 14800—2010	2	10
特征孔径	GB/T 17634—2019	2	5
垂直渗透系数	GB/T 15789—2016	1	5
平面渗流量	GB/T 17633—2019	2	6
抗氧化性能	GB/T 17631—1998	3	12

注:a.沿产品整个宽度方向上的长度。

b.样品最少数量。一些试验方法需要增加式样数量。

卷装的选择:对于每种待测的产品,取样数量由有关双方协定。

除了试验有关要求外,所选卷装应无破损,卷装成原封不动状。在卷装上沿着垂直于机器方向(生产方向即卷装长度方向)的整个宽度方向裁取样品,样品要足够长,以获得所要求的试样数量。应避免在损伤部分取样。

如果一批产品小于或等于 50 卷,则该批产品至少取 2 卷,如果大于等于 51 卷,则该批产品至少取 3 卷,随机抽取 1 卷,距头端至少 3 m 随机剪取一个样品。卷装的头两层不应取做样品。每个样品数量为 6 m^2。

A.12 土工格栅

同一原料、同一配方和相同工艺情况下生产同规格以 500 卷为一验收批,不足 500 卷按一批计。

每批抽 3 卷进行宽度和外观检查,再从合格样品中任取 1 卷足够试样进行其他性能检验。

A.13 塑料管材

PPR 和钢丝骨架管直径不大于 250 mm 每组 3 根样品，大于 250 mm 每组 4 根样品；PVC 每组 6 根；管件数量每组 10 个；管材焊接每组 3 根。PE 管材取样长度及数量要求见附表 A.4。

附表 A.4　PE 管材取样长度及数量要求(根据规范和夹具计算)

管径(mm)	静液压试验截取长度(mm)	常规检测长度和数量
20	250	每根 1000 mm，共 3 根
25	250	每根 1000 mm，共 3 根
32	250	每根 1000 mm，共 3 根
40	250	每根 1000 mm，共 3 根
50	260	每根 1000 mm，共 3 根
63	315	每根 1000 mm，共 3 根
75	337	每根 1000 mm，共 3 根
90	390	每根 1000 mm，共 3 根
110	460	每根 1000 mm，共 3 根
125	525	每根 1000 mm，共 3 根
160	620	每根 1000 mm，共 3 根
200	770	每根 1000 mm，共 4 根
250	1000	每根 1000 mm，共 4 根
315	1265	每根 1265 mm，共 4 根
355	1110	每根 1110 mm，共 4 根
400	1200	每根 1200 mm，共 4 根
450	1300	每根 1300 mm，共 4 根
500	1400	每根 1400 mm，共 4 根
560	1520	每根 1520 mm，共 4 根

续表

管径(mm)	静液压试验截取长度(mm)	常规检测长度和数量
630	1660	每根 1660 mm,共 4 根
710	1920	每根 1920 mm,共 4 根
800	2100	每根 2100 mm,共 4 根

A.14 橡胶密封圈

随机抽取 2 个密封圈作为 1 组样品进行试验。

产品以同一配方、同一成型工艺、同一级别在相似条件下生产的胶圈构成批量,2000 个为一批,不足 2000 个也为一批。

从受检批中抽取 10 个橡胶密封圈,逐个进行外观质量和尺寸偏差检验。从受检外观质量和尺寸偏差合格的橡胶密封圈中抽取 5 个,逐个进行硬度、压缩永久变形和拉伸强度检验。

A.15 混凝土实心砖

依据《混凝土实心砖》(GB/T 21144—2007)的规定,同一种原材料、同一工艺生产、相同质量等级的每 10 万块为一验收批,不足 10 万块按一批计。

抽样方式及数量:尺寸偏差和外观质量检验的试样采用随机抽样法,在检验批的产品中抽取 50 块进行检验。其他检验项目的样品用随机抽样法从外观质量检验合格的样品中抽取。强度抽取 10 块,密度抽取 3 块,干燥收缩率、相对含水率抽取 3 块,最大吸水率抽取 3 块,抗冻性能抽取 10 块,碳化系数抽取 10 块,软化系数抽取 10 块。

A.16 砂浆

同一标号试件数量 28 d 龄期每 250 m^3 砌体成型 1 组。

抽样方式:随机取样。

样品数量及尺寸:每组样品 3 块,尺寸为 70.7 mm×70.7 mm×70.7 mm。

A.17 混凝土

检测项目:抗压强度、抗拉强度、抗冻性、抗渗性。

取样基数：抗压强度的检验同一等级混凝土的试样数量以 28 d 龄期的试件按每 100 m^3 成型试件 1 组，不足 100 m^3 按一验收批计；抗冻、抗渗或其他特殊指标应适当取样，其数量可按每季度施工的主要部位取样成型 1～2 组。

抽样方式：现场出机口随机取样。

样品尺寸及数量：抗压强度每组 3 块，尺寸为 150 mm×150 mm×150 mm（其他行业还有 100 mm×100 mm×100 mm 及 200 mm×200 mm×200 mm）。

抗冻试件：每组 3 块，尺寸为 100 mm×100 mm×400 mm。

抗渗试件：每组 6 块，尺寸为 175 mm×185 mm×150 mm 的锥形台。

附录B 现场检测项目前期准备要求

部分现场检测项目检测前准备要求按附表B.1要求进行。

附表B.1 现场检测项目检测前准备要求

序号	检测项目方法	检测依据	进场检测前期准备要求
1	低应变	《建筑基桩检测技术规范》(JGJ 106—2014)、《公路工程基桩检测技术规程》(JTG/T 3512—2020)、《建筑地基检测技术规范》(JGJ 340—2015)、《建筑地基处理技术规范》(JGJ 79—2012)	(1)开挖桩头,凿去桩顶浮浆、松散或破损部分,露出坚硬的混凝土表面,桩顶表面应平整、干净、无积水且与桩轴线基本垂直 (2)若桩周有积水,应抽排干净 (3)对于预应力管桩,当端板与桩身混凝土之间结合不紧密时,应对桩头进行处理
2	高应变		(1)预应力管桩应保留桩帽并开挖至桩头外露0.8～1.0 m,灌注桩应按规范要求制作桩帽并对桩头进行处理 (2)对试坑进行压实处理以保证桩周(2.0×2.0)m^2的范围内硬实平整 (3)若桩周有积水,应抽排干净 (4)试桩范围可行驶重型吊车
3	竖向抗压试验		(1)开挖桩头,挖去桩头上覆土。桩头不宜高出地面,如果在地面以下较深部位,则要接桩至地面 (2)灌注桩检测前应先凿掉桩顶部的松散破碎层和低强度混凝土,露出主筋,冲洗干净桩头后再浇筑桩帽,待砼强度达到要求后再开展检测 (3)预应力管桩检测桩顶面无法兰盘的,宜填混凝土芯1～2 m,桩顶部有法兰盘的可不做处理 (4)清走待检桩周围5 m半径之内的虚土和杂物,并进行必要的压实(换填)处理,使地基具有足够的承载反力 (5)试桩范围可行驶吊车和平板车

续表

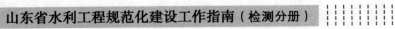

<table>
<tr><th>序号</th><th>检测项目方法</th><th>检测依据</th><th>进场检测前期准备要求</th></tr>
<tr><td>4</td><td>抗拔试验</td><td rowspan="3">《建筑基桩检测技术规范》(JGJ 106—2014)、《公路工程基桩检测技术规程》(JTG/T 3512—2020)、《建筑地基检测技术规范》(JGJ 340—2015)、《建筑地基处理技术规范》(JGJ 79—2012)</td><td>开挖桩头，挖去桩头上覆土；桩头需外露 20～30 cm；根据抗拔力和试验设备要求埋设足够的抗拔钢筋并预留足够长度(详见抗拔试验填芯示意图)；对提供反力的地基进行压实(或换填、浇筑混凝土墩等)处理，使地基提供反力不小于最大试验荷载的 1.2 倍</td></tr>
<tr><td>5</td><td>声波透射法</td><td>开挖桩头，伸出桩顶的声测管应切割高度平齐，保证声测管通畅，用清水清洗声测管并保证管内注满清水</td></tr>
<tr><td>6</td><td>钻芯法</td><td>(1)试验点周围应保证 6 m×2 m×6 m(长×宽×高)的工作面和场地基本平整，若工作面不足应搭设架子并确保足够承重力
(2)试验点应开挖至设计桩底标高并清理干净沉渣(超前钻)
(3)试验点附件提供存放芯样空地</td></tr>
<tr><td>7</td><td>动力触探</td><td>《土工试验方法标准》(GB/T 50123—2019)、《建筑地基检测技术规范》(JGJ 340—2015)</td><td>(1)开挖试验试坑，试坑试验标高应与地基土基底设计标高或复合地基桩顶设计标高一致
(2)试验前应清理浮土并抽干坑底积水</td></tr>
<tr><td>8</td><td>平板载荷试验</td><td>《建筑地基基础设计规范》(GB 50007—2011)、《岩土工程勘察规范(2009 年版)》(GB 50021—2001)</td><td>(1)开挖试验试坑，试坑宽度或直径不应小于承压板宽度或直径的 3 倍，试坑试验标高应与地基土基底设计标高或复合地基桩顶设计标高一致
(2)试验前应清理浮土并抽干坑底积水</td></tr>
</table>

续表

序号	检测项目方法	检测依据	进场检测前期准备要求
9	锚杆拉拔试验	《水利水电工程锚喷支护技术规范》(SL 377—2007)、《岩土锚杆与喷射混凝土支护工程技术规范》(GB 50086—2015)	负责待检锚杆(索)周边场地的平整和处理,使检测位置的场地满足反力要求。具体要求如下: (1)须按照乙方要求预留出待检锚杆(索)的合理长度,以便检测设备的安装 (2)对处于较高位置的待检锚索、土钉须架设安全牢靠的检测平台 (3)试验时,土钉、支护锚杆、基础锚杆应与支撑构件或混凝土面(垫)层脱离,处于独立受力状态,锚索应提前解除预应力
10	混凝土后锚固件抗拔	《混凝土结构后锚固技术规程》(JGJ 145—2013)	(1)后置埋件承载力抗拉实行现场原位检测 (2)检测前,锚栓不能有点焊或任何形式遮挡,锚栓中心距与骨架边缘距离不小于 6 cm,以免影响检测 (3)提供相应的图纸并附有承载力设计值、类型、规格、锚固安全等级等
11	混凝土结构抽芯	《钻芯法检测混凝土强度技术规程》(CECS 03—2007)、《建筑结构检测技术标准》(GB/T 50344—2019)	(1)现场需要检测的部位混凝土浇捣时间满 28 d后方可进场检测 (2)提供相应的图纸(相关结构部位配筋图、结构尺寸等)
12	混凝土回弹法	《回弹法检测混凝土抗压强度技术规程》(JGJ/T 23—2011)、《建筑结构检测技术标准》(GB/T 50344—2019)、《水工混凝土试验规程》(SL/T 352—2020)	(1)现场需要检测部位,混凝土自然养护且龄期为 14～1000 d,超过 1000 d 采用水利标准 (2)提供有轴线的建筑建构图纸 (3)在构件的同一面避开预埋件均匀布置 10 个测区,每个测区尺寸宜为 200 mm×200 mm,测区表面应为混凝土原浆面,已刷的构件应将粉刷层清除打磨干净 (4)构件为梁板时应提供安全操作平台

续表

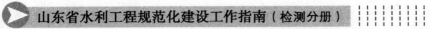

序号	检测项目方法		检测依据	进场检测前期准备要求
13	混凝土超声回弹综合法		《超声回弹综合法检测混凝土抗压强度技术规程》(T/CECS 02—2020)、《建筑结构检测技术标准》(GB/T 50344—2019)	(1)现场需要检测部位，混凝土自然养护且龄期为7～2000 d (2)提供有轴线的建筑图纸 (3)在构件的两个相对应面避开预埋件各均匀布置 10 个测区，每个测区尺寸宜为 200 mm×200 mm，测区表面应为混凝土原浆面，已刷的构件应将粉刷层清除打磨干净 (4)构件为梁板时应提供安全操作平台
14	混凝土结构实体	钢筋保护层厚度检测	《混凝土结构工程施工质量验收规范》(GB 50204—2015)、《建筑结构检测技术标准》(GB/T 50344—2019)、《混凝土中钢筋检测技术标准》(JGJ/T 152—2019)、《混凝土结构现场检测技术标准》(GB/T 50784—2013)	(1)现场需要检测的部位混凝土浇捣满 28 d (2)提供相应的图纸(包括结构总说明、柱定位图、柱表、楼板配筋图、梁配筋图) (3)提供安全的升降设备或工作平台和打磨设备
		钢筋配置检测		
		构件截面尺寸偏差检测		
15	金属结构	焊缝质量(超声波探伤)	《焊缝无损检测　超声检测　技术、检测等级和评定》(GB/T 11345—2013)、《钢结构超声波探伤及质量分级法》(JG/T 203—2007)、《钢结构现场检测技术标准》(GB/T 50621—2010)、《水工金属结构制造安装质量检验通则》(SL 582—2012)、《水工金属结构防腐蚀规范》(SL 105—2007)	(1)需要提供钢结构纸质版和电子版专业图纸，包括钢结构总说明、布置图、节点大样图、立面图等 (2)对接焊缝打磨：焊缝两侧各 10 cm 去除油漆、飞残污物 (3)T 型接头打磨：焊缝单面 10 cm 打磨 (4)杵件单面单侧往钢管方向面打磨一周，长度约 10 cm (5)提供安全操作平台，要平稳安全
		涂层厚度		提供图纸和涂料的检测报告

续表

序号	检测项目方法	检测依据	进场检测前期准备要求
16	砂浆贯入法	《贯入法检测砌筑砂浆抗压强度技术规程》(JGJ/T 136—2017)	(1)提供相应设计图纸(相关楼层结构图) (2)检测期间派 2 名以上熟悉工程情况的技术人员和辅助人员协助乙方检测
17	闭水试验	《给水排水管道工程施工及验收规范》(GB 50268—2008)	(1)试验管段灌满水后浸泡时间不应少于 24 h (2)一次试验不超过 5 个连续井段 (3)全部预留孔应封堵,不得渗水 (4)管道两端堵板承载力经核算应大于水压力的合力,除预留进出水管外,应封堵坚固,不得渗水 (5)提供设计图纸
18	管道 CCTV	《城镇排水管道检测与评估技术规程》(CJJ 181—2012)	现场需要对检测管道部位,提前进行清理管道工作,水位高度需低于管径 20%
19	建筑电气接地电阻检测(防雷检测)	《建筑电气工程施工质量验收规范》(GB 50303—2015)	甲方提供设计图纸

附录C　试验室管理制度

C.1　试验室仪器设备管理制度

（1）试验室的主要试验仪器设备及精密、贵重仪器，应设专人专柜进行管理，并建立设备管理台账，妥善保管。

（2）试验室仪器设备的性能和精确度应符合国家标准和有关规定，其使用、维修记录应由各室保管人员负责填写，并负责经常性的维护和保养工作，对其中有关的计量器具，均应按规定周期进行检定/校准并确认检定/校准结果，检定/校准证书要存入设备档案，检定结果应进行规范化标识。

（3）试验室所用试验仪器设备，均应定期进行维修和保养。长期不用的电子仪器，应每隔三个月通电一次，每次通电时间不少于半小时。

（4）仪器设备的工作环境，应满足说明书要求；对于有温湿度要求的操作间，应在合适位置挂上温湿度计，每天检查两次并记录，发现问题应及时采取措施。

（5）对试验仪器设备，应坚持用前、用后和定期三检查制度，以保证其功能正常、性能完好，精度满足要求。

（6）当发现仪器设备有故障或性能下降时，应及时进行维修，并将维修情况填入设备维修记录档案。

（7）仪器设备使用完毕要及时切断电源，罩好防尘罩。

（8）各项试验仪器设备均应严格按说明书上的操作规程进行操作，禁止超速、超负荷工作，以防仪器性能下降或损坏而影响试验工作的正常进行。

（9）对易损的仪器部件应留有备用件，对仪器设备的保养用油要按照要求采用同品种、同标号的油料进行保养。

C.2　抽样管理制度

（1）试验检测人员要加强责任心的教育，首先保证各项原材料按有关规定要求抽样，并具有代表性，才能确保各项试验检测数据具有公正性、科学性、准确性、可靠性。

（2）各项原材料的抽样工作，应会同现场质量管理人员和甲方及现场监理人员一起进行，并严格按照相应的各项材料试验的取样单位批次，取样数量和取样方法中有关规定的要求进行随机抽样，并作好抽样的原始记录，一般抽样规则如下：

①对一般的松散性材料每批次应分上、中、下，在东、南、西、北、中不同部位取样后，经拌匀用四分法缩分，再取规定的材料数量进行送检。

②对块体材料也应在不同部位取样混合后，再取规定的材料数量加工成规定的尺寸进行送检。

③对钢材的原材料抽样可按规定的数量和尺寸直接进行送检，若对试验结果有争议时，则取双倍数量的原材料进行送检。

④对于随机抽完样的送检样品，应核实数量、加工尺寸，详细填写委托单，并经有关见证人员、监理人员、抽样人员签字，经本处主任工程师或现场施工技术负责人员签字后，及时办理委托送检手续。

⑤凡送检到试验室的样品，应连同委托单办理交接手续，并经双方核实、无误后，方可由试验单位对接收的试件样品进行正式编号，登记台账，暂按指定地点存放，再根据试验进度计划及时安排各项试验检验工作。

C.3 检验检测环境管理制度

(1)为了加强试验室的管理，特制定试验室环境管理制度。

(2)试验室是进行检验工作的场所，必须保持清洁、卫生、整齐、安静，为检测工作创造良好的工作条件和环境，建立正常的工作秩序。

(3)对检测环境有要求的试验室，应按照技术标准和测试方法的规定，严格控制室内的温度、湿度，以确保试验结果的准确可靠。

(4)检测工作必须贯彻安全生产的原则，经常检查不安全因素，严禁违反安全用电规定，消除一切事故隐患，以确保设备的正常使用及人身安全。

(5)每天下班前，必须切断电源，关好空调和门窗。

(6)禁止将检验无关的物品带入试验室。

(7)禁止在试验室进行与工作台无关的活动。

(8)外来人员未经许可，不得进入试验室，禁止将儿童等带入试验室。

(9)建立卫生值班制度。

C.4 内务管理制度

(1)禁止将无关的物品带入成型室、力学室、标养室等试验操作间。

(2)谢绝与检测业务无关的人员进入试验室,以免影响试验室正常工作。

(3)试验室内所有仪器设备和机具按照仪器设备操作规程进行维护与保养,各类物品要分类摆放、布局要合理、放置要整齐。用毕的工具要放回原处。

(4)试验室的采光、照明、上下水、电器设备、温湿度控制及各种仪器设备布置等均应符合有关规范规定。

(5)试验室各项管理规章制度,应日臻完善健全,站内试验检测人员的岗位职责要明确,相关的控制图表要上墙。

(6)各类仪器设备的操作规程,应按公司统一下发的有关规程镶于镜框内,钉挂在仪器设备旁适当位置处,设备的操作应严格遵守设备的操作规程。

(7)试验室应配备必要的消防设施,站内严禁明火作业、严禁违章指挥操作。

(8)试验室应建立卫生制度,保持室内清洁。工作完毕要及时清理现场,下班或节假日必须彻底切断电源、关好门窗,保证站内安全。

(9)试验室检测人员必须严格遵循规范、标准、规程、规定,以认真负责的工作态度为工程提供准确可靠的试验检测数据及检测结果。

C.5 检验检测报告管理制度

(1)试验原始记录及检测报告应按统一下发的试验表格,由检测人员填写,不得涂改,若个别地方有误,可画一细横杠,上面填上正确的,再盖上更改人图章。填写中必须采用技术术语,项目齐全、字迹清晰、文字简洁,数据要准确可靠、公证、科学。

(2)试验室要对每项试验结果负责,试验的全过程必须要有严格的职责分工,试验、计算、报告、校核都应由专人负责,对每项结果都要签名备查。

(3)发放检测报告必须先登记、编号加盖试验专用章,再办理收发文手续。发送同时,应将其中一份检测报告与原始记录、委托单、检验抽样公证单按“三合一”或“四合一”统一编号,相互衔接,自存归档。

(4)各项检测报告经统一编号后,不得随意复制、外借或抽出。

(5)试验室必须单独建立不合格试验项目台账,出现不合格项目应及时向领导报告，尤其对影响建筑物结构安全的建筑材料应在 24 h 内向上级领导报告。

C.6　档案管理制度

为加强质量检测的档案管理，实现档案工作科学化、标准化、规范化，积极保护和有效利用档案信息资源，为工程建设和管理服务，根据《中华人民共和国档案法》《建设工程文件归档规范》《水利档案工作规定》等有关的规范和标准，结合工程实际制定工程档案管理制度。

C.6.1　检测档案归档、保存要求

第三方质量检测档案是在工程建设检测过程中直接形成的有保存价值的各种文字、图表、照片、电子文件等各种形式的历史记录，档案归档、保存应符合下列要求。

(1)工程文件应随工程建设进度同步形成，不得事后补编。

(2)检测文件归档范围：招投标文件、检测合同、检测方案、各类质量检测报告(含原始记录)、简报、检测台账等。

(3)检测合同、各类质量检测报告(含原始记录)由检验检测机构按年度统一编号，不得随意抽撤、涂改。

(4)归档时间符合下列规定：检测任务完成后，竣工验收前，将所形成的检测档案向建设单位归档。

(5)归档的纸质工程文件应为原件。不能提供原件的应说明原因。

(6)工程文件的内容和深度符合《水利工程质量检测技术规程》(SL 734—2016)的要求。

(7)检测文件的内容必须真实、准确，应与工程实际相符合。

(8)文件应采用碳素墨水、蓝黑墨水等耐久性强的书写材料，计算机输出文字和图件应使用激光打印机。

(9)文件应字迹清楚，图样清晰，图表整洁，签字盖章手续应完备。

(10)文件材料中文字材料幅面尺寸规格宜为 A4 幅面(297 mm×210 mm)，图纸宜采用国家标准图幅。

(11)工程文件的纸张应采用能长期保存的韧性大、耐久性强的纸张。

(12)归档的电子文件应采用附表 C.1 所列开放式文件格式或通用格式存储，专用软件产生的非通用格式的电子文件应转换为通用格式。电子文件存

储格式表见附表C.1。

附表C.1 电子文件存储格式表

文件类别	格式
文本(表格)文件	PDF、XML、TXT
图像文件	JPEG、TIFF
图形文件	DWG、PDF、SVG
影像文件	MPEG2、MPEG4、AVI
声音文件	MP3、WAV

(13)归档的工程电子文件的内容必须与其纸质档案一致。

(14)归档的建设工程电子文件应采用电子签名等手段,所载内容应真实和可靠。

(15)离线归档的电子档案载体,应采用一次性写入光盘,光盘不应有磨损、划伤。

(16)存储移交电子档案的载体应经过检测,应无毒、无数据读写故障,并应确保接收方能通过适当设备读出数据。

(17)检测单位应根据工作需要配备政治条件好、业务能力强、能胜任工作的档案管理人员,其主要职责是集中统一管理本工程项目形成的档案资料,保证档案的完整、系统、准确和案卷质量的标准化。

(18)档案管理人员忠于职守,热爱本职工作,具备专业知识,身体健康,严守秘密,遵纪守法。

C.6.2 卷内目录的编制应符合下列规定

(1)卷内目录排列在卷内文件首页之前,序号应以一份文件为单位编写,用阿拉伯数字从1依次标注。

(2)文件编号应填写文件形成单位的发文或图纸的图号,或设备、项目代号。

(3)文件题名应填写文件标题全称。当文件无标题时,应根据内容拟写标题,拟写标题外应加"[ ]"符号。

(4)日期应写文件的形成日期或文件的起止日期。日期中"年"应用四位数字表示,"月"和"日"应分别用两位数字表示。

(5)备注应填写需要说明的问题。

C.6.3 案卷封面的编制应符合下列规定

(1)案卷封面应印刷在卷盒、卷夹的正表面,内容包括档号、案卷题名、编制单位、起止日期、密级、保管期限。

(2)保管期限应根据卷内文件的价值在永久保管、长期保管、短期保管三种期限中选择划定,当同一案卷中有不同保管期限的文件时,该案卷保管期限应从长。技术档案按照长期保存。

(3)案卷装具采用卷盒,卷盒的外表尺寸应为 310 mm×220 mm,厚度可为 20 mm、40 mm、50 mm。

附录 D　安全管理制度

D.1　检验检测机构安全生产管理制度

D.1.1　总则

为了加强安全生产工作，防止和减少生产安全事故，保障单位职工生命和财产安全，根据《山东省安全生产条例》（2021 年 12 月 3 日山东省第十三届人民代表大会常务委员会第三十二次会议修订）、《山东省生产经营单位安全生产主体责任规定》（2013 年 2 月 2 日山东省人民政府令第 260 号公布　根据 2016 年 6 月 7 日山东省人民政府令第 303 号第一次修订　根据 2018 年 1 月 24 日山东省人民政府令第 311 号第二次修订）等规定，结合本单位实际情况，制定本管理制度。

安全生产工作应当以人为本，坚持安全发展、源头防范，坚持安全第一、预防为主、综合治理的方针。

D.1.2　安全生产责任制

建立、健全安全生产责任制度，实行全员安全生产责任制，明确单位主要负责人、其他负责人、职能部门负责人、一般从业人员等全体从业人员的安全生产责任，并逐级进行落实和考核。考核结果作为从业人员职务调整、收入分配等的重要依据。

单位的主要负责人是本单位安全生产的第一责任人，对落实本单位安全生产主体责任全面负责，具体履行下列职责：

（1）建立、健全本单位安全生产责任制。

（2）组织制定并督促安全生产管理制度和安全操作规程的落实。

（3）确定符合条件的分管安全生产的负责人、技术负责人。

（4）依法配备安全生产管理人员，落实本单位技术管理机构的安全职能并配备安全技术人员。

（5）定期研究安全生产工作，向全体员工报告安全生产情况，接受工会、从业人员、股东对安全生产工作的监督。

（6）保证安全生产投入的有效实施，依法履行建设项目安全设施和职业病防护设施与主体工程同时设计、同时施工、同时投入生产和使用的规定。

(7)督促、检查安全生产工作,及时消除生产安全事故隐患。

(8)组织开展安全生产教育培训工作。

(9)依法开展安全生产标准化建设、安全文化建设和班组安全建设工作。

(10)组织实施职业病防治工作,保障从业人员的职业健康。

(11)组织制定并实施事故应急救援预案。

(12)及时、如实报告事故,组织事故抢救。

(13)法律、法规、规章规定的其他职责。

检测机构分管安全生产的负责人协助主要负责人履行安全生产职责,技术负责人和其他负责人在各自职责范围内对安全生产工作负责。

全体员工对各自工作岗位的安全操作工作负责,并承担以下职责:

(1)积极参加单位组织的安全生产知识的学习活动,增强安全法制观念和意识。

(2)严格按照操作规程作业,遵守劳动纪律和单位的规章制度。

(3)正确使用劳动保护用品。

(4)及时向单位有关负责人反映安全生产中存在的问题。

D.1.3 安全生产会议制度

单位建立健全安全生产例会制度,每季度召开一次安全生产会议,分析安全生产状况,对重大安全生产问题制定对策,并组织实施。

D.1.4 安全生产资金管理制度

为确保本单位具备安全生产条件所必需的资金投入,安全生产资金投入纳入年度生产经营计划和财务预算,财务部门建立安全费用台账,不得挪作他用,并专项用于下列安全生产事项:

(1)完善、改造和维护安全防护及监督管理设施设备支出。

(2)配备、维护、保养应急救援器材、设备和物资支出,制订应急预案和组织应急演练支出。

(3)开展重大危险源和事故隐患评估、监控和整改支出。

(4)安全生产评估检查、专家咨询和标准化建设支出。

(5)配备和更新现场作业人员安全防护用品支出。

(6)安全生产宣传、教育、培训支出。

(7)安全生产适用的新技术、新标准、新工艺、新装备的推广应用支出。

(8)安全设施及特种设备检测检验支出。

（9）参加安全生产责任保险支出。

（10）其他与安全生产直接相关的支出。

D.1.5　安全生产教育培训和特种作业人员管理制度

（1）检验检测机构应当定期组织全员安全生产教育培训。

（2）单位全体员工必须接受相关的安全培训教育。

（3）本单位新招员工上岗前必须进行实验场所、实验设备的安全知识教育。员工在单位内调换工作岗位或离岗半年以上重新上岗者，应进行相应的实验设备及场所安全教育。

（4）单位对全体员工必须进行安全培训教育，应将按安全生产法规、安全操作规程、劳动纪律作为安全教育的重要内容。

（5）本单位外出作业人员（包括外检、第三方检测、车辆司机等），必须接受相关的专业安全知识培训、工地安全培训，确保持证、安全防护到位方可安排上岗。

（6）对在岗人员应当定期组织安全生产再教育培训活动。教育培训情况应当记录备查。

D.1.6　事故隐患排查治理制度

应当将事故隐患排查治理情况向从业人员通报；事故隐患排除前和排除过程中无法保证安全的，应当从危险区域内撤出人员，疏散周边可能危及的其他人员，并设置警戒标志。

D.1.7　重大危险源监控、安全生产风险分级管控制度

（1）定期进行安全生产风险排查，对排查出的风险点按照危险性确定风险等级，对风险点进行公告警示，并采取相应的风险管控措施，实现风险的动态管理。

（2）完善安全生产管理信息系统，对风险点和事故隐患进行实时监控并建立预报预警机制，利用信息技术加强安全生产能力建设。

D.1.8　劳动防护用品管理制度

（1）试验操作人员及进驻工地现场人员，要严格按照规定佩戴相适应的安全防护用品，以确保安全。

（2）单位应定期检查更新防护用品，确保防护用品数量、有效期满足单位正常工作开展的要求。

D.1.9 安全设施和设备管理制度

(1)单位必须严格执行国家有关劳动安全和劳动卫生规定、标准,为员工提供符合要求的劳动条件和生产场所。生产经营场所必须符合下列要求:

①试验室及办公场所应整齐、清洁、光线充足、通风良好,车道应平坦畅通,通道应有足够的照明。

②在试验场所内应设置安全警示标志(尤其是起吊设备、化学药品等危险性较大的位置)。

③使用、储存化学危险品应根据化学危险品的种类,设置相应的通风、防火、防爆、防毒、防静电、隔离操作等安全设施。

④试验场所、仓库严禁住人。

⑤试验室应根据实际情况,配备必要的消防设施,已配置好的各种专用的消防器材,不得随意挪动,违者严肃处理。试验室人员必须会使用消防器材,一旦险情发生,立即进行排除;消防器材等安全设备需定期检查是否有效。

(2)单位的检测设备及其安全设施,必须符合如下要求:

①试验及辅助设备必须进行正常维护保养,定期检修,保持安全防护性能良好。保养机电设备时,必须切断电源后进行。在试验人员进入标养室(池)时,必须切断电源,严禁带电操作。

②各类电气设备和线路安装必须符合国家标准和规范,电气设备要绝缘良好,其金属外壳必须具有保护性接地或接零措施并设置漏电自动开关,合闸、拉闸时须用闸把;在有爆炸危险的气体或粉尘的工作场所,要使用防爆型电气设备。

③单位对可能发生职业中毒、人身伤害或其他事故的,应视实际需要,配备必要的抢救药品、器材,并定期检查更换。

④室内所有供电线路、闸箱、配电板、开关、插座等均应经常检查,防止受潮、短路、触电及火警事故发生,使用一切电器设备必须严格遵守有关安全用电操作规程。

(3)特种设备必须按下列检验周期进行安全性能检验:

①起重设备,每两年进行一次检验。

②场内专用机动车辆,每一年进行一次检验。

D.1.10　职业病防治管理制度

（1）单位必须建立符合国家规定的工作时间和休假制度。职工加班应在不损害职工健康和职工自愿的原则下进行。

（2）单位应根据生产的特点和实际需要，发给职工所需的防护用品，并督促其按规定正确使用。

（3）单位禁止招用未满16周岁的童工，禁止安排未满18周岁的未成年工从事有毒、有害、过重的体力劳动或危险作业。

（4）单位应通过卫生部门防疫站对生产工人进行上岗前体检和定期体检，采取措施，预防职业病。

D.1.11　安全检查制度

（1）单位必须建立和健全安全生产检查制度。每半年一次试验室安全生产检查，部门或项目安全生产检查每季度一次。对检查出的问题应当立即整改；不能立即整改的，应当采取有效的安全防范和监控措施，制定隐患治理方案，并落实整改措施、责任、资金、时限和预案。

（2）单位应组织试验岗位检查、日常安全检查、专业性安全生产检查，具体应满足下列要求：

①试验岗位安全检查，主要由员工每天操作前，对自己的岗位或者将要进行的工作进行自检，确认安全可靠后才进行操作。内容包括：设备的安全状态是否完好，安全防护装置是否有效；规定的安全措施是否落实；所用的设备、工具是否符合安全规定；作业场地以及物品的堆放是否符合安全规范；个人防护用品、用具是否准备齐全，是否可靠；操作要领、操作规程是否明确。

②日常安全生产检查，主要由各部门负责人负责，其必须深入试验现场巡视和检查安全生产情况，主要内容包括：是否有员工反映安全生产存在的问题；职工是否遵守劳动纪律，是否遵守安全生产操作规程；试验及办公场所是否符合安全要求。

③专业性安全生产检查，主要由单位每年组织对电气设备、机械设备、危险物品、化学药品、消防设施、交通车辆、防尘防毒、防暑降温、厨房、集体宿舍等，分别进行检查。

D.1.12　危险作业管理制度

（1）凡室内有易燃、易爆物品及化学药品时，应设专人保管，并定期进行检查，如发现问题应及时上报领导解决，不留事故隐患。

(2)配制有毒试剂时,操作人员须戴好口罩、手套等劳动防护用品,并站在上风向操作,室内应保持良好通风。

(3)在所有试验操作和试验机器运行过程中,周围不得有障碍物,以防止绊倒发生意外,并消除一切事故隐患。设备的操作严格遵守各项安全技术操作规程,杜绝任何不安全事故发生。

(4)检验检测人员进入施工现场进行检验检测,应遵守施工现场安全管理规定。

(5)现场检验检测时的安全细则应严格遵守作业指导书的规定,现场应佩戴好安全防护设施,做好现场的安全隔离及警示标志。

(6)现场检验检测出现意外事故应根据现场实际情况作出应急处理,特别是野外检验检测作业的应急处理措施,应严格按规定程序执行,并及时报告试验中心主任。

(7)野外检验检测作业项目负责人负责与甲方协调检验检测现场的相关事项,解决现场水、电的供应,以确保外部环境能满足检验检测工作的进行。并在过程中,组织检验检测组人员清理检测现场,对检验检测现场作业场地、环境、安全生产等进行控制。在交通道路附近检验检测时须设置警示标示。在汛期雷雨季节、严寒的冬季等作业环境检验检测时,采取切实可行的安全防护措施。在高压输电线路附近检验检测应保持安全的避让距离。遇特殊气象、水文条件时,水域检验检测应符合有关规定要求。日最低气温低于−20 ℃时,宜停止现场检验检测作业。禁止未按规定佩带和使用劳动防护用品作业、冒险作业,野外检验检测作业人员不应少于2人,确保人身安全和检验检测设备/仪器安全。

D.1.13 安全生产奖惩制度

为了贯彻“安全第一、预防为主、综合治理”的方针,进一步完善安全生产制度建设,确保安全生产各项目标落到实处,特制定本制度。

(1)安全生产奖励采取精神奖励与物质奖励相结合,对安全生产工作不落实或发生安全生产事故的采取处罚,通过教育与经济处罚、行政处罚相结合的方式,把激励、教育、处罚贯穿于安全生产的始终。

(2)坚持奖罚分明的原则。对在安全生产中做出突出贡献的部门和个人予以表彰和奖励;对发生事故的部门和职责人予以处罚;对在工作中因严重失职、渎职、违章指挥、违章作业、违反生产现场劳动纪律造成事故或隐瞒事故、弄虚作假的，给予重罚。

(3)对于全年未发生质量与安全事故的部门和个人，满足下列条件的，年终给予一次性现金奖励，并通报表扬。

①在改善劳动条件及防止工伤事故和职业危害中做出显著成绩的。

②及时消除事故隐患，避免了重大事故发生的。

③发生事故时，全力抢救并采取措施，防止事故扩大，使职工生命和国家财产减少损失的。

④在安全技术、职业卫生方面用心采用先进技术，提出重要推荐被采纳，有发明创造或科研成果、成绩显著的。

⑤坚守岗位、忠守职责，在劳动安全卫生工作中做出成绩的。

安全奖励应根据职责贡献、安全工作难易程度，分清层级，严禁平均主义，一次性奖励由安全领导小组讨论决定。

(4)对于符合下列状况之一的，对职责人实行经济处罚(必要时给予行政处罚)，并通报批评。

①发生伤亡事故时，按下列规定，对事故负有直接职责的当事人实行经济罚款：一起事故造成直接经济损失在2000元以内的，按10%的比例对事故职责人进行处罚；一起事故造成直接经济损失在2000～5000元的，罚款数额在2000元的基础上，其余部分按8%的比例计算；一起事故造成直接经济损失在5000元以上的，罚款数额在5000元的基础上，其余部分按5%的比例计算；一起事故造成直接经济损失10万元以上的，由公司主要负责人召开专题会议研究处理决定。

②发生伤亡事故时，涉及对事故负有领导职责和管理职责的各级职责人，应按职责大小实行经济罚款(视状况研究确定数额)。

③对造成重大伤亡事故的职责者，除按事故职责大小实行经济罚款外，还要追究行政职责，情节严重、触犯刑律的，将依法追究刑事责任。

④实行安全生产“一票否决”制，取消当年度评先资格。

D.1.14　事故应急救援与演练

(1)检验检测机构应当制定、及时修订和实施本单位的生产安全事故应急救援预案，每年至少组织1次演练。生产安全事故发生后，应当立即启动应急救援预案。事故现场有关人员应当立即向本单位负责人报告，单位负责人接到报告后，应当于一小时内向事故发生地县级以上人民政府安全生产监督管理部门和其他有关的负有安全生产监督管理职责的部门报告；情况紧急时，事故现场有关人员可以直接向有关部门报告。

(2)任何单位和个人对事故不得迟报、漏报、谎报或者瞒报。

(3)建立应急救援组织，配备相应的应急救援器材及装备。不具备单独建立专业应急救援队伍的规模较小的检验检测机构，应当与邻近建有专业救援队伍的企业或单位签订救援协议，或者联合建立专业应急救援队伍。

(4)劳动过程中发生的员工伤亡事故，单位必须严格按规定做好报告、调查、分析、处理等管理工作。

(5)为了及时报告、统计、调查和处理野外检验检测作业职工伤亡事故，积极采取预防措施，防止伤亡事故，特制定本制度。本制度适用于试验中心工伤事故伤亡的处理和管理。

(6)工伤事故报告应采取快报方式，逐级完成。

(7)事故现场负责人(或现场目击者)应在事故发生后，立即向项目负责人、试验中心负责人报告，负责人在接到事故报告后应立即启动应急预案或采取有效措施，组织抢救，防止事故扩大，尽可能地减少人员伤亡及财产损失。

(8)检验检测机构最高管理者在接到事故现场负责人的报告后，应立即向上级主管领导及当地人民政府安全生产监督管理部门报告，及时拨打119、120等求救电话。

(9)事故报告方式可用电话、网络或其他快速方法。事故的报告应及时、准确、完整，报告的内容应包括事故发生时间、地点及事故现场情况；事故简要经过；人员伤亡和经济损失情况；已采取的措施等。

(10)不得对事故隐瞒不报，不得拒绝、阻碍、干涉事故调查工作，不得在事故调查中玩忽职守、徇私舞弊或打击报复。

(11)事故发生之日起30日内，事故造成的伤亡人数发生变化的，应当及时补报。

(12)事故调查处理文件、图纸、照片、录像等资料应长期完整保存，以便研究改进措施，进行安全教育，开展安全科学研究。单位负责人应立即组织抢救伤员，采取有效措施，防止事故扩大和保护事故现场，做好善后工作，并报告单位。

D.2 试验室化学危险品管理制度

D.2.1 总则

（1）为了加强试验室化学危险物品的安全监督管理，确保实验安全有序地进行，根据国务院《化学危险物品的安全管理条例》、公安部《易燃易爆化学物品消防安全监督管理办法》等有关规定，结合公司具体情况，特制定本管理制度。

（2）本办法所指的化学危险品包括爆炸品、压缩气体和液化气体，易燃液体、易燃固体、自燃物品和遇湿易燃物品、氧化剂和过氧化物、毒害品和感染性物品、腐蚀品等七类。

D.2.2 管理机构

（1）试验室化学危险物品的安全管理工作由检验检测机构最高管理者统一领导。分管领导、科室主任分工负责指导督促检查。

（2）各级领导的职责如下：

①建立和健全试验室化学危险物品的安全管理制度和安全操作规程，并对执行情况定期进行检查。

②经常向试验室全体员工进行安全教育，组织必要的安全管理技术培训，提高全体管理人员的安全管理水平。

③组织有关部门定期进行安全检查或根据公安、劳动、卫生、环保等监督机关的通知，有计划、有步骤地采取防范措施，迅速消除隐患，防止事故发生。

④一旦由于危险物品处理不当而发生火灾、爆炸、跑料、中毒、伤亡等事故，要及时组织力量扑救处理，并认真做好善后工作。同时，根据事故性质，严肃追究有关人员责任。总结教训，防止事故再度发生。

D.2.3 化学危险物品的存放与使用

（1）化学危险物品的保管员，必须由政治可靠、工作负责、严格执行安全操作规程和管理制度，熟悉业务的人员担任。凡不了解危险物品性能和安全操作方法的人员，不得从事操作和保管工作。保管员要相对稳定，不得任意调换。

（2）化学危险物品的存放地，应符合有关安全规定，并根据物品的种类、性质，设置相应的通风、防爆、泄压、防火、防雷、报警、灭火、防晒、调湿、消除静电等设施，应注意将化学危险物品分类分项存放，室内的温度要控制在 30 ℃以下，通风良好。

(3)试验室负责人是化学危险物品使用安全直接负责人。

(4)使用化学危险物品的试验室，应做到需要多少领多少，使用过剩的化学危险物品应及时退还给仓库，试验室内不得存放大量的化学危险物品。

(5)使用化学危险物品过程中的废气、废渣、废液、粉尘应回收综合利用。必须排放的，应经过净化处理，其有害物质浓度不得超过国家和环保部门规定的排放标准。剧毒物品销毁处理必须经公司领导批准，送交市指定单位处理销毁。

(6)使用化学危险物品的单位必须坚持登记制度。使用爆炸品、剧毒品必须详细写明用途，经试验室主任审批、农科院院长签字同意后方能领用，并追踪使用过程。严格实行专用保险柜和双人、双锁、双保管、双领用制度。

(7)试验室应配合保卫处定期对使用化学危险物品的部门和个人进行安全检查和抽查并做好记录。对存在的不安全因素，应及时采取措施进行整改，以确保安全。

D.2.4 化学危险物品的申购与报废

(1)申购剧毒、爆炸品，须先填写“申请批准单”，详细写明品种、数量、用途，经试验室领导审核后送农科院院长审批，同意后由公司办公室开出介绍信，报公安部门审批，才能采购。

(2)实验、科研、生产剩余或存放过久、失效、变质、报废后的化学危险物品需要销毁时，必须事先报试验室分管领导，经批准后建册登记，指定监销人进行销毁。

D.2.5 化学危险物品的安全运输和装卸

(1)装运时应轻装轻卸，堆置稳妥，防止撞击、重压、倾倒和摩擦，发现包装容器不牢固，破损或渗漏时，必须重装或采取其他措施后，方可启运。

(2)不得同时运输性质相抵触的能引起燃烧、爆炸的物品。但数量少，包装好的化学试剂除外(500 g 和 500 mL 以下)。

(3)夏天气温在 30 ℃以上，从上午 10 时到下午 4 时，一律停止装运易燃易爆品及氢气、液氯、乙炔等气体瓶。

(4)不得携带化学危险物品乘坐公共交通车辆。

(5)提取剧毒品、爆炸品、同位素要二人提货，并带有工作证。

D.3 仪器设备安全操作规程

（1）严格遵守各种试验机械的操作规程，每台试验机在使用前要进行试运转。使用过程中，发现异常应立即停机检查，不得带“病”运转。

（2）压力试验机使用时必须先升起工作台，然后进行压力试验。放取试件时应坚持应答制度，试件放好后，人手离开才能进行加压试验。

（3）进行钢材拉弯试验时，试件放好、人手离开后，才能进行试验，操作人员要防止铁件飞出伤人。

（4）水泥检测设备，每道工序试样放好后才能开机，在运转状态下不能伸手投料。试验完毕后应及时用刷子清洗仪器设备。

（5）在试验机运转过程中突然停电，应立即拉掉电闸，以免来电时发生意外事故。

（6）试验操作过程中，应精力集中，严禁打闹。

（7）非试验人员严禁开动各种试验机械。

附录E 质量管理模板参考文本

E.1 检测项目部成立文件

__________项目部成立文件

__________〔20××〕 __________号

关于成立《__________工程检测项目部》的通知

为保障__________工程施工质量，我单位针对该工程实施内容成立检测项目部，组织混凝土专业、岩土专业、现场量测专业、金属结构专业、机械电气专业检测人员对该工程进行针对性的检查、检测。项目部成员如下：

项目负责人：__________ 技术负责人：__________

岩土专业：__________ 量测专业：__________

混凝土专业：__________ 金属结构专业：__________

机械电气专业：__________

检验检测单位名称（盖章）

年 月 日

E.2 工地试验室设立授权书

授权编号：

因______________工程建设的需要，决定设立________工地试验室。授权________同志为试验室负责人（资格证书编号：________），负责工地试验室的管理工作。

授权开展的试验检测项目及参数见下表。

工地试验室检测项目参数表

序号	检测项目	检测参数	备注

授权有效期：　　年　月　日至　　年　月　日

授权检测机构：（章）

授权单位负责人签字：

年　月　日

E.3 检测人员一览表

检测人员一览表

序号	姓名	证书编号	职称	专业	学历	检测年限	工作岗位

E.4 仪器设备台账

仪器设备台账

部门：　　　　　　　　　　　　　　　　　　编号：

序号	设备编号	仪器名称	型号	出厂编号	制造商	购置日期	放置地点	保管人	备注

E.5 仪器设备使用记录表

仪器设备使用记录表

部门：　　　　　　　　　　　　　　　　　　　　　　编号：

<table>
<tr><td>仪器设备名称</td><td colspan="2"></td><td>唯一性编号</td><td colspan="2"></td><td>保管人</td><td></td><td rowspan="2">备注</td></tr>
<tr><td>日期</td><td>样品编号</td><td>试验项目</td><td>开机检查情况</td><td>运行时间</td><td>使用后检查情况</td><td>异常情况记录</td><td>操作者</td></tr>
<tr><td></td><td></td><td></td><td></td><td></td><td></td><td></td><td></td><td></td></tr>
<tr><td></td><td></td><td></td><td></td><td></td><td></td><td></td><td></td><td></td></tr>
<tr><td></td><td></td><td></td><td></td><td></td><td></td><td></td><td></td><td></td></tr>
<tr><td></td><td></td><td></td><td></td><td></td><td></td><td></td><td></td><td></td></tr>
<tr><td></td><td></td><td></td><td></td><td></td><td></td><td></td><td></td><td></td></tr>
<tr><td></td><td></td><td></td><td></td><td></td><td></td><td></td><td></td><td></td></tr>
<tr><td></td><td></td><td></td><td></td><td></td><td></td><td></td><td></td><td></td></tr>
<tr><td></td><td></td><td></td><td></td><td></td><td></td><td></td><td></td><td></td></tr>
<tr><td></td><td></td><td></td><td></td><td></td><td></td><td></td><td></td><td></td></tr>
<tr><td></td><td></td><td></td><td></td><td></td><td></td><td></td><td></td><td></td></tr>
<tr><td></td><td></td><td></td><td></td><td></td><td></td><td></td><td></td><td></td></tr>
<tr><td></td><td></td><td></td><td></td><td></td><td></td><td></td><td></td><td></td></tr>
<tr><td></td><td></td><td></td><td></td><td></td><td></td><td></td><td></td><td></td></tr>
<tr><td></td><td></td><td></td><td></td><td></td><td></td><td></td><td></td><td></td></tr>
</table>

E.6 仪器设备维护记录表

仪器设备维护记录表

部门：　　　　　　　　　　　　　　　　　　　　　　编号：

仪器设备名称			
设备型号		设备编号	
维护日期	维护内容		维护人

E.7 仪器设备检定/校准计划表

仪器设备检定/校准计划表

部门：　　　　　　　　　　　　　　　　　　编号：

序号	设备编号	仪器名称	型号	上次检定/校准日期	周期	计划校准/检定日期	送检单位

编制：　　　　　审核：　　　　　批准：　　　　　日期：

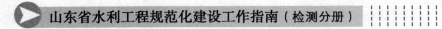

E.8 仪器设备检定/校准确认评价表

仪器设备检定/校准确认评价表

部门：　　　　　　　　　　　　　　　　　　　　　编号：

<table>
<tr><td>仪器设备名称</td><td colspan="2"></td><td>设备型号</td><td></td></tr>
<tr><td>设备编号</td><td colspan="2"></td><td>生产厂家</td><td></td></tr>
<tr><td colspan="5">检定/校准证书确认表</td></tr>
<tr><td>检定/校准日期</td><td colspan="2"></td><td>检定/校准单位</td><td></td></tr>
<tr><td>检定/校准证书编号</td><td colspan="2"></td><td>授权证书号</td><td></td></tr>
<tr><td>检定/校准依据</td><td colspan="2"></td><td>设备证书号</td><td></td></tr>
<tr><td colspan="5">检定/校准内容、检定/校准结果及确认</td></tr>
<tr><td>检定/校准证书结果</td><td colspan="4"></td></tr>
<tr><td>标准规范中相应指标及评价内容</td><td colspan="4"></td></tr>
<tr><td>修正信息的确认</td><td colspan="4"></td></tr>
<tr><td>确认结论</td><td colspan="4"></td></tr>
<tr><td>确认人</td><td></td><td>批准人</td><td colspan="2"></td></tr>
</table>

E.9　检测作业指导书

E.9.1　范围

明确指导书的适用对象和界限，必要时可指出标准不适用的界限。

E.9.2　规范性引用文件

下列文件中的条款通过本指导书的引用而成为本标准的条款。凡是注日期的引用文件，其随后所有的修改单（不包括勘误的内容）或修订版均不适用于本标准，然而，鼓励根据本标准达成协议的各方研究是否可使用这些文件的最新版本。凡是不注日期的引用文件，其最新版本适用于本标准。

（引用标准编号）（引用标准名称）

编制说明：凡在标准中提及的规范性引用文件均应列入，非公开文件、资料性引用文件、编制过程中参考过的文件不应列入。注日期引用文件应标注年号。

E.9.3　职责

编制说明：明确试验检测人员、审核人员及签发人员和相关部门的职责和权限。

E.9.4　试验项目及技术指标

编制说明：应明确被测对象要测试的主要内容和要求的技术指标。

E.9.5　试验前准备

设备状况判定：包括历次试验记录、上次试验至本次试验前设备运行和故障原因分析、必要的检修前测试或试验。

材料、工器具准备：试验所用材料、工器具以及质量检验与合格标准。组织措施试验审批程序，制定设备试验方案，保证安全的组织措施，检修进度及工时安排。

安全措施及注意事项：明确试验工作内的安全措施及注意事项。

危险点和风险点分析：结合实际情况，应用危险点分析方法分析工作现场和试验过程中存在的危险因素，找出薄弱环节和事故隐患，提出防范措施。

E.9.6　试验条件及要求

该内容中应包括：

（1）环境、温度、湿度、运行时间、场所等条件；

（2）试验设备及测量用仪器、仪表的校准状态和有效期限；

（3）对试验设备及测量用仪器、仪表的精度要求；

（4）对被试对象自然状况、试验工况的要求，如试件是否完好，带负荷的要求；

（5）试验人员组织及分工。

E.9.7 试验方法

如果有相应的试验标准，应按相应标准相应条款进行；如没有相应试验标准，则应拟订试验方法，由测试方和被测方共同认可。

E.9.8 试验记录

试验记录的要求为：

（1）试验前，应准备数据记录表；

（2）试验记录应由试验人员填写并经校核人员审核签名；

（3）对各原始记录，必须进行整理和编号，并妥善保管。

E.9.9 试验数据误差

（1）误差分类

系统误差：由于仪表缺陷、使用不当或测量时外界条件变化等原因引起的测量误差。

过失误差：由于测量过程中，操作人员不遵守操作规程，误操作和读数不正确引起的误差。

随机误差：由于测试过程中某些随机出现的偶然因素引起的误差。

（2）误差消除

试验中严格遵守各项测试方法的有关规定，并通过多次测量掌握误差规律而尽量减少和消除系统误差。

测试中严格执行操作规程，尽量减少和消除疏失误差。

通过增加试验次数来减少随机误差。

E.9.10 试验报告

试验结束后，应及时根据试验记录编制试验报告。

E.10　仪器设备作业指导书

(1)适用范围

适用于＿＿＿＿＿＿＿＿的试验操作。

(2)操作方法

根据标准规范和仪器说明书进行编制。

(3)安全注意事项

根据仪器说明书和实际操作过程总结编制。

(4)维护保养方法

根据仪器说明书进行编制。

E.11 检测结果中间资料

________项目检测结果反馈表

<table>
<tr><td>抽检情况</td><td colspan="2">抽检的项目参数名称、代表部位、抽检的数量、规格型号等</td></tr>
<tr><td>不合格
情况</td><td colspan="2"></td></tr>
<tr><td>整改意见</td><td colspan="2"></td></tr>
<tr><td>抽检单位：
抽检人：
抽检日期：</td><td>被检单位：
（签字）</td><td>建设单位：
（签字）</td></tr>
</table>